手機應用
程式設計
超簡單

App2
中文介面

Inventor

零基礎入門班 第六版

ABOUT eHappy STUDIO

關於文淵閣工作室

常常聽到很多讀者跟我們說：我就是看您們的書學會用電腦的。是的！這就是我們寫書的出發點和原動力，想讓每個讀者都能看我們的書跟上軟體的腳步，讓軟體不只是軟體，而是提昇個人效率的工具。

文淵閣工作室是一個致力於資訊圖書創作三十餘載的工作團隊，擅長用循序漸進、圖文並茂的寫法，介紹難懂的 IT 技術，並以範例帶領讀者學習程式開發的大小事。我們不賣弄深奧的專有名辭，奮力堅持吸收新知的態度，誠懇地與讀者分享在學習路上的點點滴滴，讓軟體成為每個人改善生活應用、提昇工作效率的工具。舉凡應用軟體、網頁互動、雲端運算、程式語法、App 開發，都是我們專注的重點，衷心期待能盡我們的心力，幫助每一位讀者燃燒心中的小宇宙，用學習的成果在自己的領域裡發光發熱！我們期待自己能在每一本創作中注入快快樂樂的心情來分享， 也期待讀者能在這樣的氛圍下快快樂樂的學習。

文淵閣工作室讀者服務資訊

如果您在閱讀本書時有任何的問題或是許多的心得要與所有人一起討論共享，歡迎光臨文淵閣工作室網站，或者使用電子郵件與我們聯絡。

文淵閣工作室網站 **http://www.e-happy.com.tw**
客服信箱 **e-happy@e-happy.com.tw**
文淵閣工作室粉絲專頁 **http://www.facebook.com/ehappytw**
程式特訓班粉絲專頁 **http://www.facebook.com/eHappyTT**

總 監 製 / 鄧君如		**責任編輯** / 邱文諒·鄭挺穗·黃信溢	
監　　督 / 鄧文淵·李淑玲		**執行編輯** / 邱文諒·鄭挺穗·黃信溢	

前言

程式設計教學風潮席捲全球教育界！從愛沙尼亞到英國、法國、奧地利、丹麥、波蘭，眾多國家紛紛將程式設計納入課綱。台灣也積極跟進，108 課綱已將程式設計教育納入國中、高中階段，並根據學校資源與學生特性，進行多元融入的教學策略。

隨著智慧裝置如手機、平板電腦、智慧電視以及觸控螢幕的普及，行動學習和翻轉教室成為時下的學習潮流。傳統的平面、影片和網頁媒體呈現方式已經被 App 取而代之，成為全新趨勢。App 的出現與普及不僅展現了創意，更能結合豐富內容和跨界整合的資源。透過網路，使用者可以隨時下載安裝，立即在生活和工作中使用。因此，App 程式開發成為程式教育中一個極具潛力的主題。MIT 媒體實驗室推出的 App Inventor 2 正是一個理想的 App 開發教學軟體。

本書針對零基礎的初學者精心設計，每個章節都提供簡單而實用的小範例，幫助學習者培養程式邏輯思維，建立堅實的基礎，並快速體驗 App Inventor 2 與行動裝置的應用。非常適合作為學校每週固定時數的課程，或者作為讀者自我學習的參考教材。

本次改版重點除了介紹新版模擬器的操作方式，並測試每個專題在 iOS 及 Android 設備上跨平台開發的相容度，更進一步介紹了新的元件應用，如圖表、Google 試算表等相關元件的使用。我們希望這本書能讓之前使用過這系列書籍的讀者和教師們能夠快速上手、無縫接軌；同時，對於新加入學習的讀者們，希望他們能夠避免不必要的學習挫折，順利進入 App 應用程式的開發殿堂。

讓我們一起以 App Inventor 2 作為開啟程式設計學習的敲門磚吧！

文淵閣工作室

SUPPORTING MEASURE

學習資源説明

為了確保您使用本書學習的完整效果，並能快速練習或觀看範例效果，本書在範例檔案中提供了許多相關的學習配套供讀者練習與參考，請讀者線上下載。

1. **本書範例**：將各章範例的完成檔依章節名稱放置各資料夾中。

2. **延伸練習**：將各章的延伸練習使用的練習完成檔依章節名稱放置各資料夾中。

3. **教學影片**：特別將各章綜合練習的 App 專題，錄製成「App 開發實戰影音教學」，請進入資料夾後開啟 <start.htm> 進行瀏覽，再依連結開啟單元進行學習。

4. **附錄資源**：涵蓋「檔案與資料庫、感測器、日期與時間、語音與翻譯、地圖」等內容，為 PDF 電子檔形式。

5. **相關資源**：將「Google Play 上架全攻略、App Inventor 2 單機版與伺服器架設說明」等相關資料整理成 PDF 電子檔形式供讀者參考。

6. **加贈資源**：「打造 ChatGPT 聊天機器人」影音教學。

學習資源下載

相關檔案可以在碁峰資訊網站免費下載，網址為：

http://books.gotop.com.tw/download/ACL069200

專屬網站資源

為了加強讀者服務，特別提供了本系列叢書的相關網站資源，您可以由其中取得書中的勘誤、更新或相關資訊消息，更歡迎您加入粉絲專頁，讓所有資訊一次到位不漏接。

藏經閣專欄　http://blog.e-happy.com.tw/?tag= 程式特訓班
程式特訓班粉絲專頁　https://www.facebook.com/eHappyTT

注意事項

本書目錄

Chapter 01 用拼塊建構程式運算思維

App Inventor 使用拼塊的方式進行程式的開發，建構運算思維。

1.1 運算思維與程式設計 1-2

1.1.1 認識運算思維 1-2

1.1.2 程式設計是運算思維的體現 1-4

1.2 App 開發的新領域：App Inventor 1-6

1.2.1 最夯的行動裝置作業系統：Android 1-6

1.2.2 全新的開發思維：App Inventor 1-7

1.2.3 跨平台開發的未來：App Inventor for iOS 1-9

1.3 建置 App Inventor 開發環境 1-10

1.3.1 App Inventor 的開發環境與工具 1-10

1.3.2 安裝 App Inventor 開發工具 1-11

1.4 建置第一個 App Inventor 專案 1-12

1.4.1 進入 App Inventor 的開發網頁 1-12

1.4.2 無帳號登入 1-13

1.4.3 切換繁體中文操作環境 1-15

1.4.4 新增 App Inventor 專案 1-15

1.4.5 畫面編排頁面 1-16

1.4.6 程式設計頁面 1-17

1.4.7 在模擬器中執行應用程式 1-18

1.4.8 在實機中模擬執行應用程式 - USB 模式 1-19

1.4.9 在實機中模擬執行應用程式 - WiFi 模式 1-20

1.4.10 在 iOS 實機中模擬執行應用程式 1-22

1.5 專案維護 1-24

1.5.1 下載原始檔 1-24

1.5.2 移除專案 1-25

1.5.3 上傳原始檔 1-25

1.5.4 複製專案 1-26

1.5.5 下載安裝檔 (.apk) 1-27

Chapter

02

使用者介面

標籤、文字輸入盒、按鈕、圖像及滑桿元件是效果很好的互動介面元件。

2.1 標籤、文字輸入盒與按鈕組件 2-2

2.1.1 建立組件 2-2

2.1.2 標籤組件 2-2

2.1.3 文字輸入盒組件 2-5

2.1.4 密碼輸入盒組件 2-6

2.1.5 按鈕組件 2-7

2.1.6 組件複製功能 2-9

2.1.7 整合範例：註冊資料 2-9

2.2 程式拼塊 2-11

2.2.1 程式拼塊的使用 2-11

2.2.2 事件 2-12

2.3 介面配置組件 2-15

2.3.1 水平配置組件 2-15

2.3.2 垂直配置組件 2-17

2.3.3 表格配置組件 2-17

2.3.4 介面配置組件巢狀排列 2-19

2.4 圖像及滑桿組件 2-21

2.4.1 圖像組件 2-21

2.4.2 滑桿組件 2-21

2.4.3 整合範例：縮放圖形 2-23

2.5 綜合練習：英文水果盤 App `Android / iOS` 2-25

Chapter

03 基礎運算

加、減、乘、除稱為算術運算。字串在處理時也能進行字串運算。

3.1 常數與變數 3-2

3.1.1 常數 3-2

3.1.2 變數 3-3

3.2 認識對話框組件 3-5

3.2.1 非可視組件 3-5

3.2.2 對話框組件 3-5

3.2.3 顯示警告訊息方法 3-6

3.2.4 顯示訊息對話框方法 3-7

3.3 算術與字串運算 3-10

3.3.1 算術運算 3-10

3.3.2 字串運算 3-12

3.4 綜合練習：面積換算器 App `Android / iOS` 3-14

Chapter

04 流程控制

執行程式通常是循序執行，就是依照程式碼一列一列依次執行；但有時需依情況不同而執行不同程式碼，其依據的原則就是「判斷式」。

4.1 判斷式 4-2

4.1.1 比較運算 4-2

4.1.2 邏輯運算 4-3

4.1.3 單向判斷式 4-5

4.1.4 雙向判斷式 4-6

4.1.5 多向判斷式 4-8

4.2 複選盒與 Switch 組件 4-11

4.2.1 複選盒組件 4-11

4.2.2 Switch 組件 4-11

4.3 進階對話框組件 4-14

4.3.1 顯示選擇對話框方法...4-14

4.3.2 整合範例：輸入基本資料...4-16

4.4 迴圈...4-18

4.4.1 對每個數字範圍迴圈...4-18

4.4.2 巢狀迴圈...4-21

4.4.3 滿足條件迴圈...4-23

4.5 綜合練習：BMI 計算機 App Android / iOS 4-26

Chapter
05
程序應用

在開發時會將具有特定功能或經常重複使用的程式拼塊，稱為程序。

5.1 程序...5-2

5.1.1 無傳回值程序...5-2

5.1.2 有傳回值程序...5-3

5.1.3 區域變數...5-5

5.2 內建程序...5-8

5.2.1 亂數程序...5-8

5.2.2 數值程序...5-10

5.2.3 字串程序...5-12

5.3 背包...5-15

5.4 綜合練習：成語克漏字 App Android 5-17

Chapter
06
多媒體

照相機、圖像選擇器、音效、音樂播放器、錄音機、攝影機及影片播放器
元件為行動裝置加入多媒體的呈現。

6.1 照相相關組件...6-2

6.1.1 Screen 組件...6-2

6.1.2 照相機組件...6-4

6.1.3 圖像選擇器組件...6-4

6.1.4 整合範例：照相及選取相片...6-6

6.2 **聲音相關組件** 6-8

6.2.1 音效組件 6-8

6.2.2 音樂播放器組件 6-11

6.2.3 錄音機組件 6-16

6.3 **影片相關組件** 6-19

6.3.1 錄影機組件 6-19

6.3.2 影片播放器組件 6-20

6.3.3 整合範例：攝放影機 6-21

6.4 **綜合練習：音樂相簿 App** `Android / iOS` 6-23

Chapter

07
繪圖動畫與圖表

畫布元件可以繪製圖形，圖像精靈及球形精靈屬於繪圖動畫類別元件。

7.1 **畫布組件** 7-2

7.1.1 畫布組件介紹及常用屬性 7-2

7.1.2 畫布組件方法介紹 7-3

7.1.3 畫布組件事件介紹 7-4

7.2 **圖像精靈及球形精靈組件** 7-8

7.2.1 圖像精靈及球形精靈組件介紹 7-8

7.2.2 圖像精靈及球形精靈組件拖曳的處理.............................. 7-11

7.3 **圖表** 7-14

7.3.1 Chart 組件 7-14

7.3.2 ChartData2D 組件 7-15

7.4 **綜合練習：乒乓球遊戲 App** `Android / iOS` 7-22

Chapter

08
電話簡訊與網路

利用電話、簡訊與聯絡人的資料來擷取聯絡人資料、撥打電話、發送簡訊。
網路瀏覽器元件可以網頁內容，Activity 元件可以呼叫其他應用程式。

8.1 **聯絡人列表** 8-2

8.1.1 聯絡人選擇器及撥號清單選擇器組件.................................8-2

8.1.2 整合範例：讀取聯絡人資料 8-3

8.2 撥打電話及傳送簡訊 **8-4**

8.2.1 電話撥號器組件 8-4

8.2.2 簡訊組件 8-4

8.2.3 整合範例：電話及簡訊 8-5

8.3 網路瀏覽器組件 **8-7**

8.4 設定超連結 **8-9**

8.4.1 Activity 啟動器組件簡介 8-9

8.4.2 各種不同的超連結 8-11

8.5 綜合練習：我愛動物園 App Android / iOS **8-14**

Chapter 09

清單

在 App Inventor 的程式設計中，清單的使用可以取代大量變數，增進程式執行時的效能。

9.1 清單的使用 **9-2**

9.1.1 認識清單 9-2

9.1.2 建立清單 9-2

9.1.3 取得清單的清單項目值 9-3

9.2 清單管理 **9-5**

9.2.1 判斷是否為空的清單 9-5

9.2.2 取得清單項數目 9-5

9.2.3 新增清單項目 9-6

9.2.4 刪除清單項目 9-6

9.2.5 修改清單項目值 9-7

9.2.6 搜尋清單項目 9-7

9.2.7 對於任意清單迴圈 9-7

9.2.8 整合範例：清單資料維護 9-10

9.3 清單選擇器組件 **9-13**

9.3.1 清單選擇器組件介紹 9-13

9.3.2 清單選擇器組件的事件及方法 9-15

9.3.3 整合範例：清單選擇器組件項目來源 9-16

9.4 清單顯示器與下拉式選單組件 9-18

9.4.1 清單顯示器組件 9-18

9.4.2 下拉式選單組件 9-19

9.4.3 整合範例：下拉式功能表與清單顯示器連動 9-19

9.5 綜合練習：線上點餐系統 App `Android / iOS` 9-21

檔案與資料庫 （**PDF** 電子書，請線上下載）

微型資料庫元件將資料儲存於本機的資料庫，網路微型資料庫元件則是將資料儲存於雲端，開發者可以視資料庫的需求來進行存取。

A.1 檔案管理組件 A-2

A.2 微型資料庫組件 A-5

A.3 網路微型資料庫組件 A-8

A.3.1 共用的網路微型資料庫 A-8

A.3.2 在 App Inventor 使用網路微型資料庫 A-9

A.4 Google 試算表 A-13

A.4.1 寫入 Google 試算表 A-13

A.4.2 讀取 Google 試算表 A-18

A.5 綜合練習：美食名店 App `Android / iOS` A-23

感測器 （**PDF** 電子書，請線上下載）

B.1 感測器介紹 B-2

B.2 加速度感測器組件 B-3

B.3 位置感測器組件 B-7

B.4 方向感測器組件 B-10

B.5 計步器組件 B-12

B.6 綜合練習：滾球遊戲 App `Android / iOS` B-14

App Inventor 2 零基礎入門班

Appindex C

日期與時間 ·········· （PDF 電子書，請線上下載）

C.1　計時組件 C-2

C.1.1　計時器組件 C-2

C.1.2　計時器組件的日期時間格式 C-4

C.1.3　建立內部日期時間格式 C-5

C.1.4　格式化日期時間 C-6

C.1.5　計算時間差距 C-8

C.1.6　整合範例：中文時間格式及時間差 C-9

C.2　定時重複執行程式 C-12

C.2.1　計時事件 C-12

C.2.2　計時事件應用：數位時鐘 C-12

C.3　日期、時間選擇器組件 C-15

C.3.1　日期選擇器組件 C-15

C.3.2　時間選擇器組件 C-17

Appindex D

語音與翻譯 ·········· （PDF 電子書，請線上下載）

D.1　語音辨識組件 D-2

D.1.1　語音辨識組件介紹 D-2

D.1.2　語音辨識應用：語音英文單字卡 D-4

D.2　文字語音轉換器組件 D-7

D.2.1　文字語音轉換器組件介紹 D-7

D.2.2　文字語音轉換器組件的應用 D-9

D.3　Translator 組件 D-12

D.3.1　Translator 組件介紹 D-12

D.3.2　Yandex 語言翻譯器應用：多國翻譯機 D-14

D.4　綜合練習：即時語音翻譯機　Android　 .... D-17

Appindex E

地圖　　　　　　（**PDF** 電子書，請線上下載）

E.1	地圖類別組件	E-2
E.1.1	地圖組件	E-3
E.1.2	標記組件	E-7
E.1.3	圓形工具組件	E-12
E.1.4	線條字串組件	E-15
E.1.5	多邊形組件	E-19
E.1.6	長方形組件	E-20
E.1.7	特徵集組件	E-22
E.1.8	導航組件	E-29
E.2	綜合練習：埔里美食地圖 Android / iOS	E-35
E.2.1	專題發想	E-35
E.2.2	專題總覽	E-35
E.2.3	介面配置	E-36
E.2.4	專題分析和程式拼塊說明	E-36
E.2.5	未來展望	E-38

Appindex F

Charts 類別組件　　　　　（**PDF** 電子書，請線上下載）

F.1	Charts 類別組件	E-2
F.1.1	Chart 組件	E-2
F.1.2	ChartData2D	E-3

用拼塊建構程式運算思維

- App Inventor 使用拼塊的方式進行程式的開發,搭配好用的各式元件,即使完全未接觸過程式設計者也能開發功能強大的 Android 應用程式。

- App Inventor 為 Android 應用程式開發者提供了使用瀏覽器的整合開發環境,不僅所有需要的軟體是完全免費,使用者只要具有網路連線功能,就能隨時隨地上網進行專案的開發。

1.1 運算思維與程式設計

1.1.1 認識運算思維

運算思維的出現

隨著現代科技突飛猛進的發展,以往覺得遙遠的資訊名詞現在卻是貼近生活的一部分,例如:人工智慧、大數據、機器學習、物聯網 ...。

電腦無疑是科技進步中扮演的要角,因為其運算快速、計算精準、能處理大量的重複性資料,能協助我們快速高效的完成工作。日常生活中的通訊連絡、資料處理,甚至是金融交易、交通運輸 ... 等與你我密不可分的生活大小事都必須倚賴電腦居中運惟。

即使電腦能擊敗圍棋高手,但它畢竟還是要依賴「人」給予正確、適當的指令。所謂的運算就是利用電腦一步步執行指令解決問題的過程,就像是數學家利用數學思維來證明數學定理、工程師用工程思維設計製造產品、藝術家用藝術思維創作詩歌、音樂、繪畫,意即是利用獨特的邏輯思維,提出方案解決問題。

2006 年 3 月,美國電腦科學家 Jeannette M. Wing 在 ACM 上發表了一份名為《運算思維》(Computational Thinking) 的文章,主張無論是否為電腦資訊相關的專家,一般人都應該學習電腦運算思考的技巧,讓運算思維能像閱讀、寫字、算術一樣成為每個人的基本技能。

什麼是運算思維?

所謂運算思維,就是運用電腦科學的基礎概念與思考方式,去解決問題時的思維活動。其中的重點包括了如何在電腦中描述問題、如何讓電腦通過演算法執行有效的過程來解決問題。

電腦原本只是人們解決問題的工具,但當其已廣泛使用在每一個領域後,就能反過來影響人們的思維方式。因此,當運算思維普及到所有人的生活中,一般人也能利用電腦解決生活、工作中的問題。

如何以更有效率且更好的方式去解決問題，是你我都該學習的課題。訓練具有批判性思考能力去探索問題及理解問題的本質，學會如何解構問題，建立可被運作的模式，並在過程中培養邏輯思考的能力，善用電腦找到適合的演算方式及解決方案。唯有培養了這樣的能力，才能有自信地面對未來的所有挑戰。

運算思維的特色

運算思維，簡單來說就是用資訊工具解決問題的思維模式，可以在長期面對問題並找出解決方案的過程中，發展出解決問題的標準流程。經由運算思維的幫助，人類可以在發現問題後進行觀察陳述、分析拆解，找出規律產生原則，進而建立解題的方案，讓問題易於處理，所以有抽象化、具體化、自動化、系統化等特色。

Google for Education 定義運算思維為一個解決問題的過程，除了用於電腦應用程式的開發，也適用於其他知識領域，例如數學、科學。運算思維中的四個核心能力：

1. 拆解問題 (Decomposition)：將資料或問題拆解成較小的部分。

2. 發現規律 (Pattern Recognition)：觀察資料的模式、趨勢或規則等現象。

3. 歸納概念 (Abstraction)：歸納核心概念，找出產生模式的一般性原則。

4. 設計演算 (Algorithm Design)：建立一個解決相同或類似問題的步驟。

資訊補給站

Google探索運算思維的課程計劃網站
Google for Education : Exploring Computational Thinking
https://edu.google.com/resources/programs/exploring-computational-thinking/

Google 探索運算思維的課程計劃網站，提供教育工作者能更了解運算思維，並協助將運算思維的內容整合到教育者的教學現場，進行教學與學習。

學習這四個核心能力後，日後就能運用這些技巧解決問題。這與過去傳統單向學習方式不同，因為運算思維能將問題解決標準化，能在有效率的執行中得到最佳的解決方案。就像認知發展裡的語言能力、記憶力及觀察力等，透過適當的訓練後就會是一輩子受用的工具。

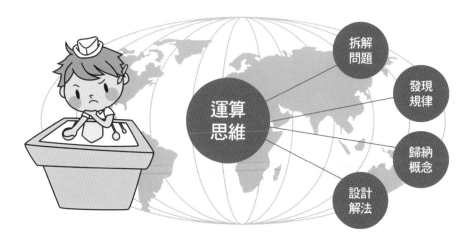

1.1.2 程式設計是運算思維的體現

學習程式設計的重要性

程式設計的學習是實踐運算思維教學的重要途徑，透過撰寫程式，能將運算思維中抽象的運作方式，例如變數使用、流程控制、資料處理、迴圈、除錯等能力具體化。儘管運算思維並非等同於程式設計，但程式設計是創造運算作品的主要方式，讓學習者具體感受運算思維的展現。

許多研究開始探討如何利用程式設計教學培養問題解決能力與運算思維，課程設計著重在引導學習者利用運算思維解決問題。透過程式設計的學習，能讓學習者從中了解資訊系統的組成與運算原理，並能進一步分析評估問題、培養解決問題的能力。

世界各國程式設計課程的發展

程式設計的學習已儼然成為教育領域中的一個新風潮，也是教育趨勢中重要的指標。許多先進國家深知程式設計能力對國家競爭力的影響而紛紛大力倡導程式設計教學之重要性，如美國、英格蘭與澳洲等皆於國小階段即將程式設計納入資訊科技課程，台灣也已將程式設計納入十二年國教科技領域課綱，足見重視的程度。

程式設計未來將不再只侷限於少數資訊從業人員的應用，日後社會上各行業別的人都必須培養此重要技能

視覺化程式設計

視覺化程式設計現在已成為程式設計的發展趨勢與主流，可以讓學習者容易地學會程式設計，且能專注於設計與創作，經歷創作、修改與使用的歷程。跟過去的程式設計軟體最明顯的差異，是視覺化程式設計軟體不再使用文字條列的呈現方式來進行撰寫，而是改用拼塊、線條等與其他的輔助標誌進行圖形上的排列組合，讓整體圖形可以表現出代表的邏輯與功能。因為使用的是圖片，所以相較於傳統使用文字表現的程式設計語言，可以讓設計者更容易瞭解程式所組成的功能與設計概念。學習者可體驗與應用運算思維，更進一步可接續一般的程式語言，以逐步發展運算思維。

1.2 App 開發的新領域：App Inventor

全世界使用 Android 系統的智慧型裝置已經超過 12 億台，另外讓人刮目相看的是 Google Play 的 App 下載量也突破了 1000 億次。

▲ 2017 年 Google 開發者大會在山景城盛大舉辦

Android 應用程式的開發儼然已經成為整個應用程式很重要的一環，許多人都很希望能夠快速跨入開發的領域。但是過去在開發 Android 應用程式時都必須透過艱難的 Java 程式語言，讓很多開發者都望之卻步，難道沒有其他的方法能夠改變這個困境嗎？

1.2.1 最夯的行動裝置作業系統：Android

Android 單字的原意為「機器人」，Google 號稱 Android 是第一個真正為行動裝置打造的作業系統。Google 將 Android 的代表圖示設計為綠色機器人，不但表達了字面上意義，並且進一步的強調 Android 作業系統不僅符合環保概念，更是一個輕薄短小但功能強大的作業系統。

Android 是一個以 Linux 為基礎的開放原始碼作業系統，主要用於行動設備，目前由 Google 持續領導與開發中。Android 作業系統是完全免費，任何廠商都可以不經過 Google 的授權隨意使用 Android 作業系統，甚至進行修改。Android 作業系統支援各種先進的繪圖、網路、相機、感測器等處理能力，方便開發者撰寫各式各樣的應用軟體。市面上智慧型手機的型號及規格繁多，Android 開發的應用程式可相容於不同規格的行動裝置，對於開發者來說是一大福音。

1.2.2 全新的開發思維：App Inventor

你是否苦惱過到底要用什麼方式來進行 App 應用程式的開發呢？

直接使用原生程式碼的方法想必是許多人都感到無助而沮喪的，我們當然能理解這個方式很好：它是最正統的開發方式；它是最能接觸每個功能細節的方式；它是最能控制設備資源的方式 … 沒錯！但是一看到繁複的開發流程與難以消化的程式內容，許多人都紛紛舉起白旗，或是在嘗試後敗下陣來。難道只有這條路，沒有別的方法嗎？

App Inventor 的出現是這個問題的解決方案，真的值得你來一探究竟！

App Inventor 的誕生

App Inventor 是由 Google 實驗室所發展用來開發 Android 應用程式的開發平台，它以不同以往的設計理念為號召，一推出即獲得許多人的注目。Google 實驗室在 2012 年 1 月 1 日將 App Inventor 整個計劃移交給麻省理工學院 (Massachusetts Institute of Technology, MIT) 行動學習中心維護，並堅持以免費及開放原始碼的精神繼續運作。2013 年 8 月大幅提升 App Inventor 功能，將其更名為 App Inventor。

App Inventor 的開發優勢

App Inventor 的設計理念是以拼圖式方塊來撰寫程式，強調視覺引導，好學易用，而且功能強大。App Inventor 將所有程式與資源放在網路雲端上，應用程式設計者只要使用瀏覽器，即可透過網路在任何時間、任何地點進行開發工作。

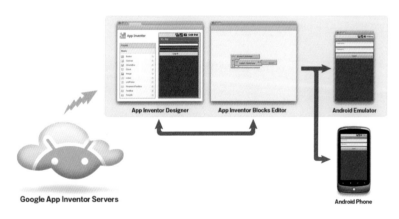

▲ App Inventor 的開發示意圖

App Inventor 在進行 App 應用程式開發的優點如下：

- **開發環境佈署方便**：顛覆許多人對於佈署程式開發環境困難又繁瑣的印象，App Inventor 經由簡單的步驟，即可讓使用者能在極短的時間內完成開發環境建置。

- **拼塊程式設計**：視覺圖形化的開發環境，讓程式流程與內容可以在拼塊的拖拉組合之間輕鬆完成。App Inventor 發展小組號稱可以讓完全沒有任何程式碼撰寫經驗者，也能在訓練後完成應用程式開發。

- **雲端專案開發**：整個開發介面是透過瀏覽器操作，專案的內容與成果皆儲存在雲端之中。無論設計者身在何處，只要有網路，隨時都可以透過瀏覽器進行開發工作。

▲ App Inventor 將整個開發環境都放到雲端上

- **強大而實用的元件庫**：App Inventor 提供許多功能強大的元件，只要拖曳到工作面板區中設定後即可使用。例如使用手機照相的動作，只需拖曳 **照相機** 元件到介面中就可以拍照，並可輕易將相片存檔或顯示於圖形元件中。

- **支援 NXT 樂高機器人**：App Inventor 有專屬的拼塊可以設計控制 NXT 樂高機器人的程式，可以使用 Android 手機控制 NXT 及 Ev3 樂高機器人。

- **開發作品實用性高**：用 App Inventor 開發出來的應用程式，可以直接在電腦的模擬器中執行，更可以下載到智慧型手機或平板電腦上安裝，甚至還能輕易發佈到 Play 商店中進行分享或是販售也沒有問題。

而 App Inventor 並沒有就這樣停下發展的腳步，對於新的技術、新的設備，它不斷在各個方面推出新的功能，讓開發者能進行更多不同的應用，揮灑更多的創意。這樣與眾不同的開發方式，你能不心動嗎？

1.2.3 跨平台開發的未來：App Inventor for iOS

在 APP 開發的領域裡，除了 Android 的設備之外，許多開發者最關心的就是如何讓作品也能延伸到 iOS 的平台，讓 Apple 的行動裝置也能使用他們的心血結晶。這個聲音在 App Inventor 的社群裡從來沒有停止過討論，也有許多其他的產品將這個需求視為重要的發展方向。

MIT 早在 2017 年就針對於 App Inventor 的 iOS 版推出過募資計劃，希望讓學習者能在相同的基礎上，應用同一個開發方式即能將專題發佈在 Android 及 iOS 二個平台上，擴大每個專題的應用層面與影響力。但是迫於商業現實的考量與許多技術瓶頸，這個計劃在過去幾年一直都處於開發進度混沌不明，難以掌握的狀況。在 2021 年 3 月 4 日，App Inventor 的開發團隊終於釋出 App Inventor for iOS 的第一個版本，只要在 iPhone、iPad 上安裝 iOS 版的 AI Companion，即可將開發的作品運行在這些設備中。

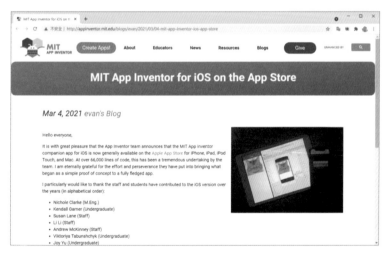

▲ MIT App Inventor for iOS (https://apps.apple.com/us/app/mit-app-inventor/id1422709355)

雖然目前 App Inventor for iOS 還在開發中，在測試的時候常會發現有些功能與理想的狀態有些差距，但是這個版本的推出已經為跨平台開發的理想埋下實現的種子，是可以讓所有學習及使用的人期待的。

資訊補給站

App Inventor for iOS 官方討論區

目前 App Inventor for iOS 正如火如荼的開發中，如果你想要得到第一手資訊，歡迎前往官方討論區獲取的最新消息：

https://community.appinventor.mit.edu/c/appinventor-ios

1.3 建置 App Inventor 開發環境

App Inventor 開發環境在網路雲端上，本機只要安裝 App Inventor 的開發工具
檔，即可利用瀏覽器開啟螢幕，進行 App 應用程式的開發。

1.3.1 App Inventor 的開發環境與工具

建置 App Inventor 開發環境的重點在於選擇作業系統、瀏覽器與安裝開發工具，
以下我們將詳細介紹。

作業系統與瀏覽器的選擇

在作業系統方面，App Inventor 整合開發環境可在 Windows XP 以上、Mac Os
X 10.5 以上及 GU/Linux 等作業系統中安裝。本書將以 Windows 系統為例說明
安裝步驟，後面章節的範例也以此系統進行示範操作。

在瀏覽器方面，App Inventor 是使用瀏覽器做為主要的開發與管理工具，所以
在選擇上相當重要。目前 App Inventor 支援的瀏覽器有 Mozilla Firefox 23 以
上、Google Chrome 29 以上及 Apple Safari 5.0 以上。因為 App Inventor 是
Google 公司所開發，建議最好使用 Google Chrome 瀏覽器，本書的範例也以
Google Chrome 示範操作。

開發環境建置流程

App Inventor 必須安裝 App Inventor 開發工具，接著要在模擬器中安裝 MIT
AI2 Companion 元件就可在模擬器中執行應用程式專案。

App Inventor 開發環境的安裝步驟：

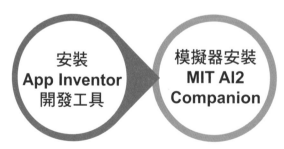

1.3.2 安裝 App Inventor 開發工具

下載並安裝 App Inventor 開發工具，就可以開始使用 App Inventor 設計 App 應用程式了。

1. 請開啟網址：「http://appinventor.mit.edu/explore/ai2/setup-emulator」，請依照使用的系統進行下載，這裡以 Windows 系統來做示範。

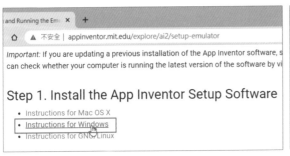
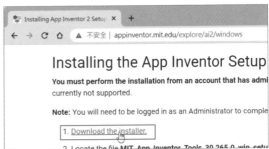

2. 下載後請執行安裝檔，請依對話方塊的指引進行安裝。

產生桌面的捷徑，強烈建議核選。

安裝完 App Inventor 開發工具後，就可以進行 App Inventor 的 App 應用程式設計了！

1.4 建置第一個 App Inventor 專案

以下我們將要使用一個簡單的範例，帶領你由專案的新增、畫面編排頁面、程式設計頁面、使用模擬器執行應用程式，一直到在實機中安裝應用程式。其中除了讓你可以熟悉 App Inventor 整合開發環境的使用之外，也讓你能快速了解 App Inventor 的開發流程。

1.4.1 進入 App Inventor 的開發網頁

App Inventor 的整合開發環境是網頁式的平台，所以要使用 App Inventor 設計 Android 應用程式，首先必須以 Google 帳戶登入 App Inventor 開發頁面。

登入 App Inventor 專案管理網頁的步驟為：

1. 請由：「http://ai2.appinventor.mit.edu」進入 App Inventor 開發網頁的網址，頁面會先導向 Google 帳號的登入頁面，請輸入帳號密碼後按 **登入** 鈕。

2. 第一次登入時，Google 會將存取的權限設定給這個帳號，請按 **Allow** 鈕即可進入 App Inventor 專案的管理頁面。

 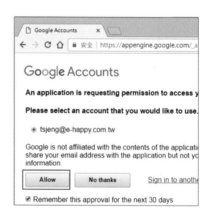

3. 顯示 App Inventor 最新訊息，若核選 **Do Not Show Again** 專案，以後就不會顯示此訊息。按 **Continue** 鈕繼續。

4. 因為尚未建立任何 App Inventor 專案，目前管理頁面是空的。

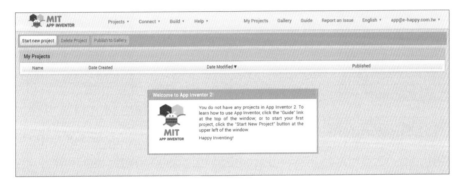

1.4.2 無帳號登入

如果使用者沒有 Google 帳號，App Inventor 也允許使用者登入使用，並且分配一組密碼給使用者，讓使用者可以保存在 App Inventor 中已建立的專案。此功能非常適合要試用 App Inventor 的使用者，對於教師教學也相當方便，即使學生沒有 Google 帳號也能立刻使用 App Inventor。

開啟無帳號登入的網頁「https://code.appinventor.mit.edu/login」：

按 **Continue Without An Account** 鈕以無帳號登入，**Your Revisit Code** 欄位可輸入之前無帳號登入時系統自動產生的重新訪問碼登入。此處是第一次以無帳號登入，故按 **Continue Without An Account** 鈕。

頁面會顯示本次重新訪問碼，下次可以此密碼登入，按 **Continue** 鈕繼續。

核選 **Do Not Show Again** 以後就不會再出現此歡迎頁面，按 **Continue** 鈕繼續。

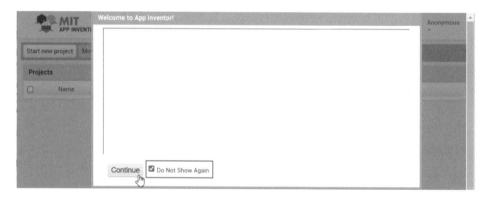

按 **Close** 鈕後顯示專案頁面。如果忘了重新訪問碼，可點選 **Help / About** 即可顯示重新訪問碼。

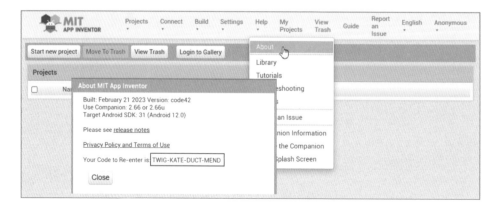

1.4.3 切換繁體中文操作環境

App Inventor 貼心的為中文使用者準備了繁體中文及簡體中文操作環境，降低英文介面造成的學習障礙。將操作環境變更為繁體中文的方法：

1. 點選 **English** 下拉式選單，點選 **正體中文**。

2. 對話方塊會以中文告知使用者目前尚未建立任何專案，**START A BLANK PROJECT** 鈕可建立新專案，**CLOSE** 鈕則關閉對話方塊。

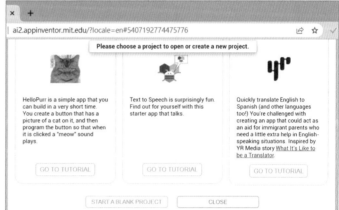

1.4.4 新增 App Inventor 專案

App Inventor 應用程式是以專案的方式進行，請依下述步驟建置第一個專案：

1. 請按 **新建專案** 鈕，接著在對話方塊的 **專案名稱** 欄輸入專案名稱後按 **確定** 鈕即可完成建立專案的動作。專案名稱只能**使用大小寫英文字母、數字及「＿」符號，而且名稱的第一個字元必須是大小寫英文字母**。如果輸入的名稱違反命名規則，系統不會建立專案，並會顯示提示訊息告知使用者修正錯誤。

2. 建立專案後會自動開啟 **畫面編排** 頁面，螢幕左上角會顯示目前專案的名稱，左方為 **組件面板** 區，中間為 **工作面板** 區，右方為放置已使用組件的 **組件列表** 區。按上方 **我的專案** 鈕可回到專案管理頁面。

3. 專案管理頁面顯示所有建立的專案，點選專案名稱可進入畫面編排頁面。

1.4.5 畫面編排頁面

App Inventor 應用程式開發時整個程式使用螢幕要在畫面編排頁面中佈置。一般的流程是在組件面板區拖曳相關的組件到工作面板區中佈置，接著到組件屬性區進行每個組件的細部設定。

在這個範例中，我們將由組件面板區中拖曳 **使用者介面 / 標籤** 組件到頁面中，並設定 **標籤** 組件要顯示的文字內容與格式。請依下述步驟操作：

1. 請由組件面板區中拖曳 **使用者介面 / 標籤** 組件到 **工作面板** 區中，此時 **組件列表** 區會顯示這個 **標籤** 組件，並自動命名為「標籤 1」。

2. **標籤** 組件是 App Inventor 使用最多的組件，其用途是在頁面上顯示文字。請在工作面板區或是組件列表區選擇這個新增的 **標籤** 組件，接著就要在組件屬性區進行屬性的詳細設定。

請核選 **粗體**，**字體大小**：「20」，**寬度**：「填滿」，**文字**：「Hello, AppInventor!」，**文字對齊**：「居中」，**文字顏色**：「紅色」，設定屬性時，其顯示效果會立即在工作面板區呈現。

1.4.6 程式設計頁面

當應用程式的介面設計完成後，就可以切換到程式設計頁面，它最主要的功能是以拼塊來設計程式。在畫面編排頁面按右上方 **程式設計** 鈕就會切換到程式設計頁面。程式設計頁面主要分為以下幾個部分：

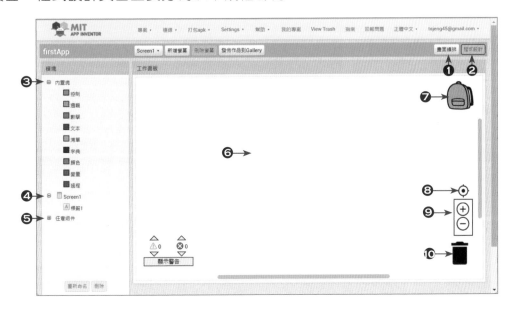

❶ **畫面編排** 鈕：切換到版面配置頁面。

❷ **程式設計** 鈕：切換到程式設計頁面。

❸ **內置塊** 區：本區提供程式流程所需的程式拼塊。

❹ **已建組件** 區：在版面配置頁面建立的組件，會在本區建立對應的組件拼塊。

❺ **任意組件** 區：提供通用組件拼塊。

❻ **工作面板** 區：可將各種拼塊由方塊區拖曳到此區進行程式流程設計。

❼ **背包**：在不同畫面或專案間複製程式拼塊。

❽ **置中顯示拼塊**：將拼塊移動到編輯區中央。

❾ **放大、縮小顯示拼塊**：可將拼塊放大及縮小顯示。

❿ **垃圾筒**：將拼塊拖曳到垃圾筒可移除該程式拼塊。

1.4.7 在模擬器中執行應用程式

在開發階段測試的動作是相當重要的，如果沒有實機，App Inventor 提供了模擬器讓設計者執行應用程式，在測試應用程式是很方便的工具。

建立模擬器

模擬器在啟動前必須要先開啟 App Inventor 開發工具的 aiStarter 當作中介程式。安裝 App Inventor 開發工具時已自動在桌面建立 aiStarter 的捷徑：

1. 在桌面 aiStarter 捷徑按滑鼠兩下啟動 aiStarter。

 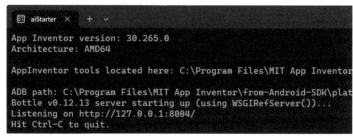

2. 點按上方 **連線** 鈕後在下拉式選單中點選 **模擬器** 選項，接著約數十秒後模擬器就會開啟並執行專案程式顯示執行結果。

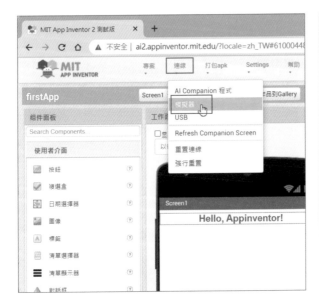
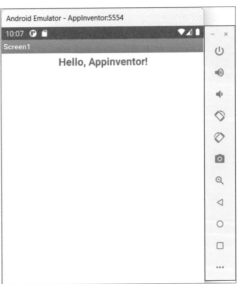

1.4.8 在實機中模擬執行應用程式 - USB 模式

在模擬器測試雖然方便，但有些功能是無法模擬的，如照相及感測器等功能，而且應用程式最後還是要在實機中執行，所有執行結果需以實機為準。

在實機上必要的設定

實機不是拿來接上電腦就能安裝，有幾個必要設定是要先設定的：

1. 請執行 **設定 > 安全性**，接著核選 **未知的來源** 選項。如此一來在實機上才能安裝非經由 Google Play 認證下載的應用程式。

2. 請執行 **設定 > 開發人員選項**，核選 **USB 偵錯**。

資 訊 補 給 站

開啟開發人員選項的方法

在大多數的 Android 手機中，**開發人員選項** 預設是隱藏的。開啟的位置依各家廠商可能會有些不一樣，但大同小異，基本上請在 **設定 > 關於手機 > 軟體資訊 > 版本號碼** 點 **7** 下即可開啟。

在實機上安裝 MIT AI2 Companion

在實機上開啟 **Play 商店**，於搜尋列輸入「mit ai2」，點選 **mit ai2 companion** 進行安裝，安裝完成後在程式集中會建立 **MIT AI2 Companion** 圖示。

在實機上測試應用程式

請將實機以 USB 傳輸線與電腦連接，系統會開始根據設備安裝驅動程式，建議可以自行安裝實機的驅動程式以利測試。安裝完成後，點按上方 **連線** 鈕後在下拉式選單中點選 **USB** 選項。數秒後就可在實機上見到執行結果。

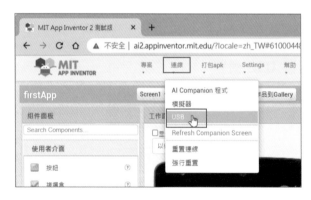 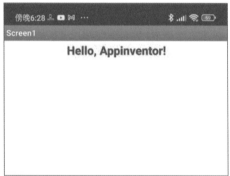

1.4.9 在實機中模擬執行應用程式 – WiFi 模式

Android 行動裝置的種類繁多，以 USB 模式在行動裝置上執行應用程式時，許多使用者面臨無法安裝驅動程式的困境，因此 App Inventor 提供不需安裝驅動程式就可在實機上執行的方法：**WiFi 模式**。

官方網站特別說明，WiFi 模式的使用條件為 <u>**電腦及實機必須使用相同的 WiFi 無線網路**</u> 才能進行連接。

直接使用手機的行動網路也能夠成功連接了

經過實證，如果您的手機已搭配 **3G**、**4G** 或更快的 **5G** 行動網路，在開發時不用再使用相同的 **WiFi** 無線網路，也能成功的連上了！對於許多開發者來說，這樣的功能實在是一個很大的突破。

首先請務必在實機上安裝 **MIT AI2 Companion** ，完成後執行會產生如下頁面：

輸入下一步驟產生的六個字元

按此鈕掃描下一步驟產生的 QR Code 圖形

在開發頁面按上方功能表： **連線 > AI Companion 程式**，在 **連接 AI Companion 程式** 對話方塊中將產生一個 QR Code 以及一組六個字元的編碼。

你可以在實機上開啟 AI2 Compainion 應用程式，輸入編碼後按 **connect with code** 鈕，或按 **scan QR code** 鈕掃描 QR Code 圖形，都可進行連線，讓實機執行應用程式。

1.4.10 在 iOS 實機中模擬執行應用程式

目前 App Inventor 也支援 Apple 的 iOS 系統，只要是 iPhone 或 iPad 安裝 iOS 版的測試 App，即可進行實機模擬的動作。

1. 請開啟 iPad 或 iPhone 的 App Store，選取 **搜尋** 後在欄位中輸入關鍵字「app inventor」，找到 **MIT App Inventor**，再進行安裝。

2. 首次開啟會顯示歡迎畫面，按 **Continue** 鈕經過導覽畫面後即可進入主畫面。

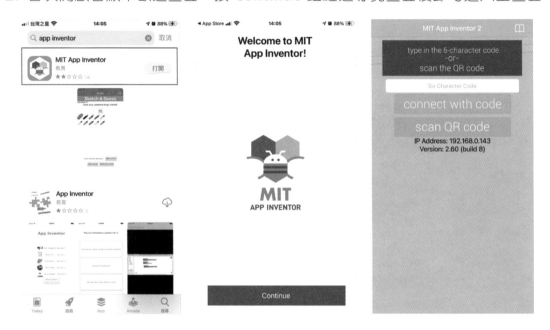

在開發頁面按上方功能表： **連線 > AI Companion**，將產生一個 QR Code 以及一組六個字元的編碼對話方塊。

在實機上開啟 AI2 Compainion 應用程式，輸入編碼後按 **connect with code** 鈕，或按 **scan QR code** 鈕掃描 QR Code 圖形 (首次會詢問取用相機的權限)，都可進行連線進行讓實機測試。

目前 App Inventor 的 iOS 開發環境還在陸續更新補強中，以下是注意事項：

1. 根據目前的實測，iOS 在實機測試時建議 **電腦及實機必須使用相同的 WiFi 無線網路**。

2. iOS 應用程式的安裝檔打包正在開發中，目前僅能使用實機模擬。

3. iOS 版開發時大部分的功能都能使用，但部分內容還在研發。

1.5 專案維護

App Inventor 是雲端操作系統,設計者製作的原始檔案及編譯產生的執行檔都會儲存在雲端,但為了避免原始檔案遺失或要將執行檔分享給好友使用,最好能在本機中備份。

1.5.1 下載原始檔

當應用程式設計完成後,可下載原始檔到本機中做為備份。系統會將所有使用的原始檔包裝成 .aia 檔案格式讓使用者下載,方便備份保存。操作方式為:

1. 在專案管理頁面核選要下載專案左方的核選方塊,在開發頁面按上方功能表:
   專案 > 導出專案 (.aia)。

2. 系統自動下載檔案置於預設路徑,檔名為 < 專案名稱 .aia>。

下載檔包含專案中各種資源檔,如聲音、圖片、影片等檔案,使用者只要保存一個下載檔案即可。

1.5.2 移除專案

如果不再使用的專案可將其移除，以免專案太多讓專案管理頁面顯得雜亂，也影響尋找專案的效率。

移除專案非常容易，操作方式為：

1. 在專案管理頁面核選要移除專案左方的核選方塊，按上方 **刪除專案** 鈕，於確認對話方塊中按 **確定** 鈕確認刪除。

2. 回到專案管理頁面，可見到選取的專案已經移除。其實專案並未真正移除，只是移到垃圾筒內，按 **View Trash** 鈕可顯示垃圾筒內所有專案，核選要移除專案左方的核選方塊，按上方 **Delete From Trash** 鈕，於確認對話方塊中按 **確定** 鈕才真正刪除專案。

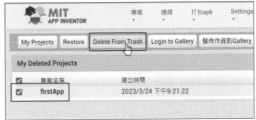

1.5.3 上傳原始檔

如果取得他人設計的原始檔案，可上傳到 App Inventor 伺服器建立專案，例如本書範例檔案中的專案都可以此方式上傳。

1. 在開發頁面按上方功能表： **專案 > 匯入專案 (.aia)**。

2. 按 **選擇檔案** 鈕選取要上傳的專案檔 (.aia 格式)，然後按 **確定** 鈕開始上傳。

 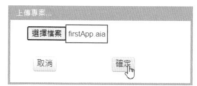

3. 上傳完成後，在專案管理頁面可見到上傳的專案。

4. 在專案管理畫面中按專案名稱即可進入畫面編排頁面，如下圖果然是原來的專案畫面。

1.5.4 複製專案

專案開發過程中，最好定時對專案做備份，如果製作過程不順利，可以回到上一次備份重新設計。專案備份工作可以用「複製專案」方式操作：

1. 在開發頁面按上方功能表：**專案 > 另存專案**，於 **專案另存為** 對話方塊中輸入專案名稱後按 **確定** 鈕。

2. 按上方功能表 **我的專案** 回到專案管理頁面，就可見到複製的專案。

1.5.5 下載安裝檔 (.apk)

Android 應用程式必須編譯成安裝檔才能在手機中安裝執行，Android 安裝檔的副檔名為「.apk」。在 Play 商店下載應用程式時，即是下載該應用軟體的安裝檔，下載後系統會自動辨識安裝檔，並且詢問是否要立刻安裝。

之前在實機模擬執行應用程式時，只是將執行結果同步顯示於手機，並未下載安裝檔，若是在手機中結束應用程式或拔除 USB 連接線，就需要再次下載程式。為什麼要如此麻煩呢？那是因為 App Inventor 編譯後的安裝檔較大，最少也有 1.3M 以上，而且無法移到 SDcard 卡中，為避免佔用太多手機記憶體，因此 App Inventor 提供模擬方式呈現執行結果。

將應用程式專案編譯成安裝檔，再將安裝檔下載到電腦的操作方式為：

1. 在開發頁面按上方功能表：**打包 apk > Android App (.apk)**。

2. 經過一段時間等待後會會製作完成安裝檔 (.apk)。

按 **Download apk now** 鈕可下載安裝檔到本機，有了 apk 安裝檔之後，你就可以將該檔案傳給其他手機進行安裝，甚至準備上架到 Play 商店。

使用實機中的 Barcode 掃描程式（如：QuickMark）或 **MIT AI2 Companion** 進行掃描，就可下載安裝檔到實機中，進而在實機上安裝應用程式。

延 伸 練 習

一、是非題

1. (　　) Android 作業系統是完全免費，任何廠商都可以不經過 Google 的授權隨意使用 Android 作業系統，甚至進行修改。

2. (　　) App Inventor 是由麻省理工學院所發展用來開發 Android 應用程式的開發平台。

3. (　　) App Inventor 是採用拼塊程式設計，視覺圖形化的開發環境，讓程式流程與內容可以在拼塊的拖拉組合之間輕鬆完成。

4. (　　) App Inventor 整個開發介面是透過應用程式操作，專案的內容與成果皆儲存在雲端之中。

5. (　　) App Inventor 提供許多功能強大的元件，只要拖曳到工作面板區中設定後即可使用。

二、選擇題

1. (　　) App Inventor 可以支援下列何種功能？
   (A) NXT 機器人　　　　　　(B) 行動裝置 GPS 功能
   (C) 行動裝置感測器　　　　(D) 以上皆是

2. (　　) App Inventor 下載到本機的檔案，其附加檔名為何？
   (A) .aia　(B) .zip　(C) .app　(D) .rar

3. (　　) App Inventor 是以專案方式進行開發，操作者必須在哪個頁面才能刪除專案？
   (A) 畫面編排頁面　　(B) 程式設計頁面
   (C) 專案管理頁面　　(D) 模擬器

4. (　　) App Inventor 是在哪個頁面進行程式編輯？
   (A) 畫面編排頁面　　(B) 程式設計頁面
   (C) 專案管理頁面　　(D) 模擬器

5. (　　) App Inventor 專案開發中可以利用哪個頁面進行成果的預覽？
   (A) 畫面編排頁面　　(B) 程式設計頁面
   (C) 專案管理頁面　　(D) 模擬器

02

使用者介面

- 標籤、文字輸入盒及按鈕組件是 App Inventor 使用最多的組件。當使用者在應用程式畫面做了某些動作,例如按了某個按鈕,或在文字輸入盒組件輸入資料等,就會觸發對應的事件,應用程式就會執行設計者設定的程式拼塊。

- 介面配置組件是一個容器,本身不會在螢幕中顯示,當其他組件加到介面配置組件裡後,會依指定方式排列,經過精心安排,就能設計出賞心悅目的介面。

- 圖像及滑桿組件用法十分簡單,只要設定屬性就能達到很好的顯示效果,應用程式中也常使用。

2.1 標籤、文字輸入盒與按鈕組件

標籤、**文字輸入盒** 及 **按鈕** 組件是 App Inventor 使用最多的組件。

2.1.1 建立組件

App Inventor 中建立組件的方法非常簡單，只要將組件面板中的組件拖曳到工作面板即可。例如建立一個 **標籤** 組件：由組件面板區拖曳 **標籤** 組件到工作面板區，在組件列表區會多一個名稱為「標籤 1」的 **標籤** 組件。

2.1.2 標籤組件

功能說明

標籤 組件的用途是顯示文字，而不是讓使用者輸入或修改文字；如果要讓使用者輸入或修改文字，必須使用 **文字輸入盒** 組件。

屬性設定

屬性	說明
背景顏色	設定背景顏色。
粗體	設定文字是否顯示粗體。
斜體	設定文字是否顯示斜體。
字體大小	設定文字大小，預設值為「14」。

屬性	說明
字形	設定文字字形。
HTML 格式	設定是否顯示 HTML 格式文字。
具有外邊距	設定組件四周是否有間隔。
高度	設定組件高度。
寬度	設定組件寬度。
文字	設定顯示的文字。
文字對齊	設定文字對齊方式。
文字顏色	設定文字顏色。
可見性	設定是否在螢幕中顯示組件。

深入解析

寬度 及 **高度** 屬性有四種方式可以設定：

- **自動**：隨內容自動調整長寬。

- **填滿**：與上一層物件相同，通常是螢幕的長或寬。

- **像素 (固定大小)**：輸入數值，單位是「像素」。

- **比例 (百分比)**：輸入數值，為所佔長度的百分比。

寬度 及 **高度** 屬性的預設值為 **自動**。下圖為不同設定值的結果：

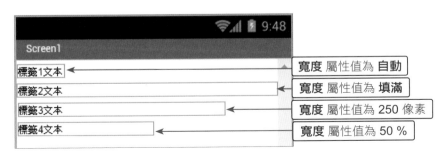

文字對齊 屬性設定文字對齊方式，請注意其對齊的基準是物件而不是螢幕。當 **寬度** 屬性值為 **自動** 時，文字內容會填滿物件，所以 **文字對齊** 屬性值無效。

下圖為 **寬度** 屬性值為 **填滿** 時的呈現效果：

牛刀小試

請由組件面板區拖曳一個 **標籤** 組件到工作面板區，選取後在屬性面板核選 **粗體** 屬性，設定 **字體大小** 屬性值為「20」、**文字** 屬性值為「我是標籤組件，\n 歡迎 來到 App Inventor！」，選取 **文字顏色** 屬性值為 **紅色**。

文字 屬性值中「\n」為換列符號，「歡迎來到 App Inventor！」會顯示於第二列。

2.1.3 文字輸入盒組件

功能說明

文字輸入盒 組件的用途是讓使用者輸入文字,所輸入的文字會儲存於 **文字** 屬性中。**文字輸入盒** 組件通常會與 **按鈕** 組件搭配使用,讓使用者輸入文字後按下按鈕做後續處理。

屬性設定

背景顏色、**高度** 及 **寬度** 是大部分組件都具有的屬性,其意義與設定方式請參考前一節,在後續的組件中將不再列出。

屬性	說明
啟用	設定組件是否可用,即是否可輸入文字。
粗體	設定文字是否顯示粗體。
斜體	設定文字是否顯示斜體。
字體大小	設定文字大小,預設值為「14」。
字形	設定文字字形。
提示	設定提示文字,即尚未輸入文字時顯示的文字。
允許多行	設定是否可輸入多列文字。
僅限數字	設定是否只能輸入數字。
ReadOnly	設定是否只能讀取而無法輸入文字。
文字	設定顯示的文字。
文字對齊	設定文字對齊方式。
文字顏色	設定文字顏色。
可見性	設定是否在螢幕中顯示組件。

深入解析

1. **文字輸入盒** 組件的 **文字** 屬性預設值為空字串,如果要避免 **文字輸入盒** 輸入值為空白,可在 **文字** 屬性設定初始值。

▲ 工作面板區

▲ 組件屬性區

▲ 執行結果

2. **提示** 屬性值會以淡灰色文字顯示，做為給使用者的提示訊息；當使用者輸入文字後，**提示** 屬性值文字就會消失。

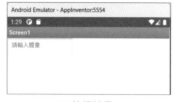

▲ 組件屬性區　　　　　　▲ 執行結果　　　　　　▲ 輸入體重

3. **允許多行** 屬性設定 **文字輸入盒** 組件是否可以多列輸入：若未核選 **允許多行** 屬性，多列輸入時會忽略換行，將所有輸入文字在單列中顯示；若核選 **允許多行** 屬性，則可以輸入多行文字。

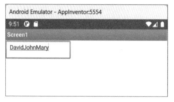

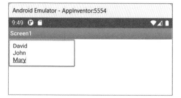

▲ 未核選 **允許多行** 屬性　　　　　　▲ 核選 **允許多行** 屬性

4. **ReadOnly** 屬性設定 **文字輸入盒** 組件是否只顯示文字而不允許使用者輸入文字：核選 **ReadOnly** 屬性後，使用者就不能輸入文字。

▲ 核選 **ReadOnly** 屬性　　　　　　▲ 未核選 **ReadOnly** 屬性

2.1.4 密碼輸入盒組件

功能說明

密碼輸入盒 組件是專為輸入密碼所設計的組件。**密碼輸入盒** 組件與 **文字輸入盒** 組件不同處是 **密碼輸入盒** 組件輸入的文字會以星號 (*) 取代，避免被其他人看到輸入內容，達到保護密碼的目的。

屬性設定

密碼輸入盒 組件的屬性與 **文字輸入盒** 組件大致相同,只是 **密碼輸入盒** 組件缺少兩個屬性:**允許多行** 及 **ReadOnly** 屬性。因為密碼都是單列文字,不需要輸入多列文字,所以沒有 **允許多行** 屬性;密碼組件必然需要使用者輸入密碼,所以沒有 **ReadOnly** 屬性。

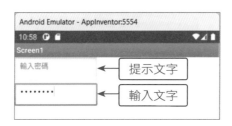

2.1.5 按鈕組件

功能說明

按鈕 組件是應用程式與使用者互動的主要組件。當使用者按下 **按鈕** 組件時,會執行設計者安排的程式片段,達到互動目的。

屬性設定

屬性	說明
啟用	設定組件是否可用,即按鈕是否可按。
粗體、斜體	設定文字是否顯示粗體、斜體。
字體大小	設定文字大小,預設值為「14」。
字形	設定按鈕文字字形。
圖像	設定顯示圖片按鈕。
形狀	設定按鈕的形狀。
顯示互動效果	設定按下按鈕時,按鈕是否會閃動。
文字	設定按鈕文字。
文字對齊	設定文字對齊方式。
文字顏色	設定文字顏色。
可見性	設定是否在螢幕中顯示組件。

深入解析

1. **按鈕** 組件的 **文字** 屬性設定按鈕上顯示的文字，**圖像** 屬性設定按鈕上顯示的
   圖形，如果兩個屬性都設定的話，圖形及文字會同時顯示。此功能對於需使用
   相同圖形但不同文字的多個按鈕非常方便，只要在程式拼塊中動態改變顯示的
   文字即可。

▲ 設定 **文字** 屬性　　　　　▲ 設定 **圖片** 屬性　　　　　▲ 同時設定 **文字** 及 **圖片** 屬性

2. **按鈕** 組件的 **形狀** 屬性設定按鈕的形狀：**預設** 為長方形，**圓角** 為圓角矩形，
   方形 為長方形，**橢圓** 為橢圓形。

▲ **預設** 及 **方形**　　　　　　▲ **圓角**　　　　　　　　▲ **橢圓**

素材的上傳

App Inventor 專案儲存在雲端，所有資源檔 (圖片、聲音等) 都必須上傳到伺服器才能
使用。上傳的操作方法為：

1. 於 **素材** 區按 **上傳文件** 鈕，在 **上傳文件** 對話方塊中按 **選擇檔案** 鈕後選取要上傳的
   檔案，選取的檔案名稱會顯示於右方，按 **確定** 鈕開始上傳檔案。

2. 上傳後會在 **素材** 區會顯示所有上傳的檔案，此時若點按 **按鈕** 組件的 **圖像** 屬性，下
   拉式選單中會出現所有上傳檔案名稱。

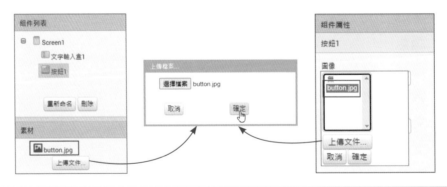

2.1.6 **組件複製功能**

在使用者介面布置時，有些組件是經常會使用的，例如之前介紹的標籤、文字輸入盒、按鈕等組件。若是要一次要新增多個相同屬性及設定的組件時，因為操作的動作很繁雜，但是設定的內容很重複，如果能應用複製的方法來簡化流程，將會是相當理想的方式。

但在操作時會發現，App Inventor 在組件上似乎沒有複製的功能。其實這個功能是有的，只是被隱藏起來，許多人都會忽略，組件複製的方法如下：

請先在 **工作面板** 區中選取要複製的組件，如按鈕。請按下 **Ctrl + C** 鍵複製組件，接著再按下 **Ctrl + V** 鍵貼上，如此即可完成組件的複製動作。

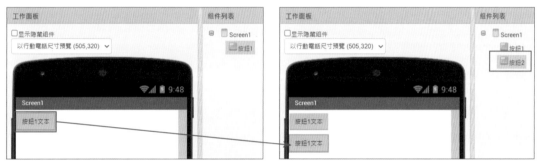

▲ 選取好組件後按 Ctrl + C 鍵複製，再按 Ctrl + V 鍵貼上，即可完成複製的動作

2.1.7 **整合範例：註冊資料**

本節已學習了四個組件，本範例綜合這些組件撰寫簡易註冊資料介面設計，至於使用者按 **填寫完成** 鈕的後續處理，將在下一節中說明。

◤ 範例：註冊資料一

輸入帳號及密碼，輸入的密碼會以星號呈現，避免他人竊取。

<ex_Register1.aia>

» 介面配置

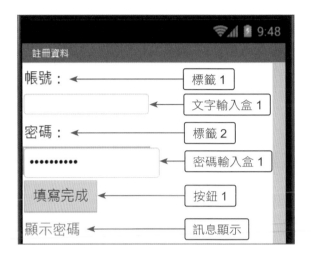

所有組件的 **字體大小** 屬性值皆設定為「20」。清除 **文字輸入盒 1** 組件的 **提示** 屬性，如此就不會顯示提示字串。Screen1 的 **標題** 屬性值改為「註冊資料」做為應用程式標題。

建立組件時，系統會以中文名稱做為預設組件名稱，若有多個同種類組件且會在程式拼塊中使用，最好為它設定一個有意義的名稱，否則會降低程式的可讀性，並造成程式維護的困擾。

例如本範例中有三個 **標籤** 組件，**標籤 1** 及 **標籤 2** 組件僅顯示固定字串，使用數字命名即可；**訊息顯示** 組件需在程式中根據使用者輸入的密碼來顯示內容，故取一個代表其意義的名稱。

將 **標籤 3** 組件更名為 **訊息顯示** 的操作為：在 **組件列表** 區中點選 **標籤 3** 組件後按下方 **重新命名** 鈕，在 **重命名組件** 對話方塊中 **新名稱** 欄位輸入新的組件名稱，最後按 **確定** 鈕完成更新組件名稱操作。

2.2 程式拼塊

當使用者在應用程式介面做了某些動作，例如按了某個按鈕，或在 **文字輸入盒** 組件輸入文字，就會觸發對應的事件，應用程式就會執行設計者設定的程式拼塊。

2.2.1 程式拼塊的使用

開啟程式設計頁面

在 App Inventor 中是利用拼塊進行程式設計，開啟程式設計頁面的方法為：在畫面編排頁面按右上方 **程式設計** 鈕即可。

認識拼塊

程式設計頁面左方 **內置塊** 項目內含所有系統內建的程式拼塊；**Screen1** 項目會顯示在畫面編排頁面建立的所有組件，若設計者在畫面編排頁面新增組件，此區會自動產生對應的組件；**任意組件** 項目提供通用組件。

點選 **Screen1** 項目的組件名稱,系統會顯示該組件所有事件、方法及屬性;點選不同類型的組件,其顯示的事件、方法及屬性會不同。為方便設計者辨識,系統以不同顏色區分不同功能的拼塊:**土黃色是事件,紫色是方法,淺綠色是取得屬性值,深綠色是設定屬性值。**

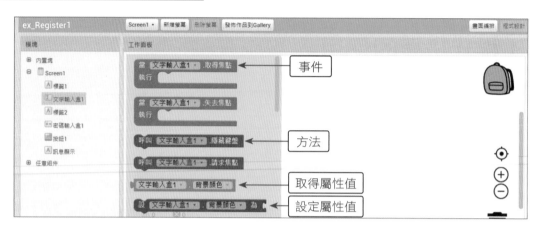

建立拼塊的方法是點選組件名稱,再點選要使用的拼塊,該拼塊就會出現在拼塊編輯區中,然後拖曳拼塊到需要的位置。

2.2.2 事件

在物件導向的程式設計模式中,「事件」是程式流程的核心。什麼是「事件」呢?簡單的說,**事件是設計者預先設定好一種情境讓使用者操作,當使用者做了該操作,應用程式就會執行特定的程式碼做為回應。**例如在登入頁面中有一個按鈕(事件來源),當使用者按下按鈕(觸發事件)就會檢查輸入的帳號密碼是否正確(執行事件程式碼)。

事件的處理方式是「化主動為被動」:系統並不會定時主動去檢查按鈕是否被按下,而是當按鈕被按下時,由按鈕通知系統:「我被按了,請趕快處理!」,也就是系統在接到通知才啟動處理程序。

通常事件包含三個部分：

■ **事件來源**：觸發事件的組件，如 **按鈕**、**文字輸入盒** 組件等。

■ **事件名稱**：發生的事件，如 **被點選**、**取得焦點** 等。

■ **處理程式碼**：事件發生後執行的程式拼塊。

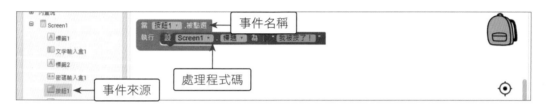

上一節的「註冊資料一」只完成了畫面編排，本範例加入程式拼塊做為使用者按 **填寫完成** 鈕的後續處理。由於是第一個程式拼塊應用程式，將詳細介紹程式拼塊操作過程。

如果要開啟上一節的 ex_Register1 專案繼續操作，可在專案管理頁面點選「ex_Register1」即可開啟 ex_Register1 專案。

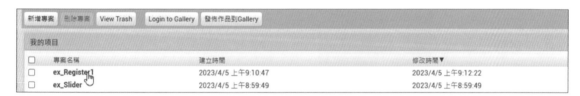

▶ 範例：註冊資料二

輸入帳號及密碼後按 **填寫完成** 鈕，下方會顯示輸入的密碼。

<ex_Register2.aia>

» 介面配置

與上一節「註冊資料一」範例相同。

» 程式拼塊

1. 開啟程式設計頁面，開始進行拼塊程式設計。本範例的事件是按下 **按鈕 1** 按鈕觸發 **按鈕 1** 的 **被點選** 事件：點選 **按鈕 1**，再按 **當按鈕 1. 被點選** 拼塊。

2. 使用者按下按鈕後，需設定 **訊息顯示** 組件的 **文字** 屬性值：點選 **訊息顯示**，再按 **設訊息顯示 . 文字** 設定拼塊。

3. 拖曳 **設訊息顯示 . 文字** 設定拼塊到 **當按鈕 1. 被點選** 拼塊內。

4. 要顯示在 **訊息顯示** 組件的內容是 **密碼輸入盒 1** 的 **文字** 屬性值：點選 **密碼輸入盒 1**。拖曳 **密碼輸入盒 1. 文字** 取值拼塊到 **設訊息顯示 . 文字** 設定拼塊右方接合，如此就完成本範例程式拼塊操作。

本範例詳細列出程式拼塊操作的過程，初學者宜按部就班實作，熟悉拼塊的位置及拼合方式。限於篇幅，後續範例將不再說明程式拼塊操作的詳細過程，只列出最後拼塊結果。

2.3 介面配置組件

應用程式的介面設計非常重要，使用者對於應用程式的第一印象是來自介面，功能強大的應用程式若介面簡陋或不具親和力，通常不會受到使用者青睞。

介面配置 組件是一個容器，本身不會在執行時顯示，當其他組件加到介面配置組件裡後，會依指定方式排列，經過精心安排，就能設計出賞心悅目的介面。

2.3.1 水平配置組件

功能說明

將組件一一放置到畫面時，預設是每個組件單獨一行，由上而下的放置。如果希望能讓組件由左而右水平放置，則必須先使用 **水平配置** 組件放到畫面中，再將要左右放置的組件放入，其中所有組件即會以水平方式排列。

屬性設定

屬性	說明
水平對齊	設定水平對齊方式 。
垂直對齊	設定垂直對齊方式 。
圖像	設定組件背景圖形。
可見性	設定是否在螢幕中顯示組件。

以建立一個水平排列的輸入欄位為例，操作步驟為：

1. 在畫面編排頁面組件面板區拖曳 **水平配置** 組件到 **工作面板** 區，於 **組件屬性** 區設定 **寬度** 屬性為 **填滿**，表示以螢幕寬度為組件寬度。

2. 拖曳 **標籤** 組件到 **水平配置** 組件內，會出現一條藍色線段，那就是 **標籤** 組件 的位置。於 **組件列表** 區可見到 **標籤** 組件位於 **水平配置** 組件下方結構內，表 示 **標籤** 組件在 **水平配置** 組件內。修改 **文字** 屬性值為「姓名：」。

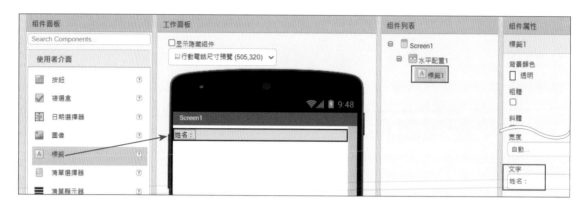

3. 拖曳 **文字輸入盒** 組件到 **標籤** 組件右方，當 **標籤** 組件右方出現一條藍色線段 時放開滑鼠左鍵，於 **組件屬性** 區設定 **寬度** 屬性為 **填滿**。

資訊補給站

用介面配置的可見性製作多頁切換的方式

介面配置組件的 **可見性** 屬性有一個極重要的功能：**可一次隱藏或顯示多個組件**。因為 介面配置組件是容器，可在其內部置入多個組件，當設定介面配置組件的 **可見性** 屬性 為隱藏時，其內所有組件將全部隱藏；同理，設定介面配置組件的 **可見性** 屬性為顯示時， 其內所有組件將全部顯示。

當設計多頁應用程式時，可以使用多個 **螢幕** 組件建立多個頁面，但不同 **螢幕** 組件切換 時要注意許多細節，否則很容易造成應用程式錯誤；變通的方式為將多個頁面都置於同 一個 **螢幕** 組件中，再把每一個頁面的組件放在一個介面配置組件內，執行時只設定一 個頁面的介面配置組件為顯示狀態，其餘都設為隱藏，如此就能達到換頁效果。

2.3.2 垂直配置組件

功能說明及屬性設定

垂直配置 組件與 **水平配置** 組件雷同,只是在 **垂直配置** 中的組件會使用垂直方式排列。其中 **垂直配置** 組件的屬性與 **水平配置** 組件完全相同。

例如若要建立一個垂直排列的輸入欄位,操作步驟與 2.3.1 節完全相同,只是步驟 1 拖曳的是 **垂直配置** 組件,結果是 **標籤** 組件和 **文字輸入盒** 組件會垂直排列:

2.3.3 表格配置組件

功能說明

如果需要排列的組件眾多而且是整齊排列,可使用 **表格配置** 組件。**表格配置** 組件會將組件以表格方式排列,設計者可自行設定表格的列數及行數。

屬性設定

屬性	說明
列數	設定表格的列數 (直列)。
行數	設定表格的行數 (橫行)。
可見性	設定是否在螢幕中顯示組件。

以建立兩個並排的輸入欄位為例,操作步驟為:

1. 在畫面編排頁面組件面板區拖曳 **表格配置** 組件到工作面板區,於組件屬性區設定 **寬度** 屬性為 **填滿**,表示以螢幕寬度為組件寬度;列數與行數都為預設的「2」表示有 2 個直列,2 個橫行 (共 4 個儲存格)。

2. 拖曳 **標籤** 組件到 **表格配置** 組件第一列第一行儲存格內，修改 **文字** 屬性值為「姓名：」。

3. 拖曳 **文字輸入盒** 組件到 **標籤** 組件右方，當 **標籤** 組件右方出現一個藍色方框時放開滑鼠左鍵。

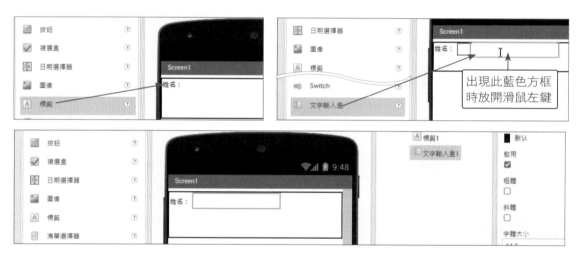

4. 使用相同的方式，拖曳 **標籤** 組件到 **表格配置** 組件第二行第一列儲存格內，修改 **文字** 屬性值為「密碼：」，拖曳 **密碼輸入盒** 組件到 **標籤** 組件右方，當 **標籤** 組件右方出現一個藍色方框時放開滑鼠左鍵。

2.3.4 介面配置組件巢狀排列

App Inventor 僅提供數個介面配置組件，如何應付千變萬化的介面設計呢？關鍵在於介面配置組件可以是巢狀排列，也就是介面配置組件中可以再置入介面配置組件，如此就能組成極複雜的介面設計。

例如以 **表格配置** 組件可以在每個橫行建立相同數量的直列，但如果想要在不同的橫行建立不同數量的直列，就可以使用巢狀配置排列組件。

1. 在畫面編排頁面組件面板區拖曳 **垂直配置** 組件到工作面板區，設定 **寬度** 屬性為 **填滿**。

2. 拖曳 **水平配置** 組件到 **垂直配置** 組件內，設定 **寬度** 屬性為 **填滿**。

3. 拖曳二個 **按鈕** 組件到 **水平配置** 組件內，分別設定 **寬度** 屬性為 **填滿**。

4. 再拖曳 **水平配置** 組件到 **垂直配置** 組件內,設定 **寬度** 屬性為 **填滿**。

5. 拖曳三個 **按鈕** 組件到 **水平配置** 組件內,分別設定 **寬度** 屬性為 **填滿**。

6. 最後我們使用模擬器來預覽成果,如下圖可以看到,利用巢狀配置的方式,能 靈活的在二橫列之中平均放置不同數量的按鈕。

學習小叮嚀

表格配置組件與介面配置組件巢狀排列的選擇

在專案開發時,常要選擇不同的組件配置進行設計。但許多人在面對 **表格配置** 組件與 介面配置組件巢狀排列感到困惑,因為在使用上很相似。

表格配置 組件在使用時,在不同的儲存格中置入的內容會影響下一行或下一列的寬高, 設置上較為固定不易變化,適用於放入其中的組件大小一致,數量又多的狀況下,使用 時會較有效率。

但如果放置的組件大小寬高有別,又希望能達到排版美觀的目的,建議使用介面配置組 件巢狀排列,因為能針對不同的組件數量、不同的大小進行靈活的調整。

2.4 圖像及滑桿組件

使用者介面類別內的 **圖像** 及 **滑桿** 組件用法十分簡單,只要設定屬性就能達到很好的顯示效果,應用程式中也常使用。

2.4.1 圖像組件

圖像 組件是用於顯示圖片,其屬性除了 **高度** 及 **寬度** 外,其餘屬性列於下表:

屬性	說明
Alternate Text	設定圖片替代文字。
Clickable	設定圖片是否可被點擊。
圖片	設定要顯示的圖片。
旋轉角度	設定圖片順時針旋轉角度。
放大 / 縮小圖片來適應尺寸	核選此屬性會自動調整大小填滿指定的寬度及高度。
可見性	設定是否在螢幕中顯示組件。

2.4.2 滑桿組件

功能說明

滑桿 組件會產生一個滑桿圖形,使用者可以拖曳滑桿上的指針來改變位置,或以程式動態改變指針位置。

滑桿 組件常用來顯示目前工作進度，圖形化介面效果顯得非常專業。

屬性設定

滑桿 組件沒有 高度 屬性，也就是 滑桿 組件只能設定寬度而無法設定高度，高度由系統自動決定。

屬性	說明
左側顏色	設定移動桿左方的顏色。
右側顏色	設定移動桿右方的顏色。
最大值	設定滑桿的最大值。
最小值	設定滑桿的最小值。
啟用指針	設定移動桿是否可以滑動。
指針位置	設定目前移動桿的位置。
可見性	設定是否在螢幕中顯示組件。

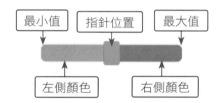

深入解析

滑桿 組件只有一個事件：**位置變化** 事件。

顧名思義，此事件會在使用者拖曳 滑桿 組件的指針時觸發，並且以參數 **指針位置** 傳回指針的位置，設計者可利用此傳回值取得目前指針的位置，然後進行後續處理。

2.4.3 整合範例：縮放圖形

使用者拖曳 **滑桿** 組件的指針會觸發 **位置變化** 事件，此事件會以參數 **指針位置** 傳回指針所在位置的數值，若以此數值做為指定圖形的寬度，則圖形就會隨指針的位置改變大小。

▼ 範例：縮放圖形

拖曳滑桿的指針，圖形會隨著指針的滑動而放大及縮小。<ex_Slider.aia>

» 介面配置

1. 設定 Screen1 組件 **標題** 屬性值為「縮放圖形」，做為應用程式的標題。

2. **滑桿 1** 組件 **最大值** 屬性值設定為「320」、**最小值** 屬性值設定為「50」、**指針位置** 屬性值設定為「320」，即程式開始執行時圖形為最大。

3. **標籤 1** 組件用來顯示目前的指針位置數值。

》程式拼塊

☐1 **位置變化** 事件傳回的參數，參數值為目前指針所在位置的數值。

☐2 顯示目前移動桿所在位置的數值。

☐3 設定 **圖像 1** 組件的寬度為目前指針所在位置的數值。

學習小叮嚀

參數拼塊的使用方法

如果組件的事件中具有參數時，該如何取得或設定參數值呢？以 **滑桿** 組件的 **位置變化**
事件為例，此事件具有 **指針位置** 參數，將滑鼠移到 **指針位置** 參數上，系統會顯示取得
參數值及設定參數值的拼塊，點選要使用的拼塊，該拼塊就會加入拼塊編輯區，再拖曳
到適當位置即可。

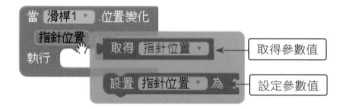

2.5 綜合練習：英文水果盤 App

使用者選按下方的水果圖片按鈕，在上方標籤的文字會顯示該水果的英文單字。
<ex_Fruidcard.aia>

» 介面配置

請先在 **素材** 區上傳範例資料夾中 <media> 裡的圖片，包含了版面圖片及按鈕要
使用的水果圖片，內容如下：

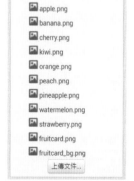

接著請在 **工作面板** 區加入相關的組件，重點如下：

1. **Screen1**：**水平對齊** 設「居中」，**垂直對齊** 設「居上」，**背景圖片** 設「fruitcard_bg.png」，**螢幕方向** 設「鎖定直式畫面」，**視窗大小** 設「自動調整」。

2. **圖像 1**：為 APP 版頭圖片，**圖片** 設「fruitcard.png」，核取 **放大 / 縮小圖片** 來適應尺寸。

2. **標籤 1**：顯示英文單字，**字體大小** 設「32」，**文字** 設「請選下列水果圖示」，**文字顏色** 為「紅色」。

3. **水平配置** 及 **按鈕** 組：一共會有 3 組，每一組的水平配置中都加 3 個按鈕，共 9 個按鈕。每個按鈕設定 **高度、寬度** 為「100 像素」，將 **文字** 清空，**圖像** 依序選擇上傳的水果圖片名稱。

4. 設定時建議將 **工作面板** 顯示尺寸設定為「平板電腦尺寸」，方便介面配置。

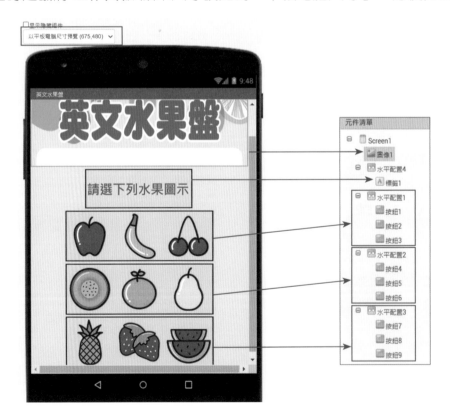

» 程式拼塊

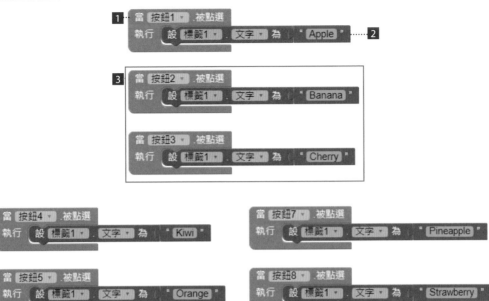

1 這裡以 **按鈕 1** 為例：加入 **當按鈕 . 被點選** 事件。

2 設定在 **標籤 1. 文字** 顯示該按鈕的所代表的英文單字。

3 請以相同的方式設定剩下的其他按鈕。

App Inventor 2 零基礎入門班

延 伸 練 習

實作題

1. 輸入帳號及身分證號碼，為了不讓外人輕易看到身分證號碼，輸入的身分證號碼會以星號顯示。使用者填寫完畢，按 **確定** 鈕後下方會顯示輸入的身分證號碼。<Ch02_ex1.aia>

2. 滑桿的最大值為 100，最小值為 0。程式開始時，指針位於最左方，指針值為 0；拖曳滑桿的指針，下方會即時顯示當時的指針值。若在文字輸入盒輸入 0 到 100 之間的數值，再按 **設定滑桿值** 鈕，指針會移到輸入值的位置。
   <Ch02_ex2.aia>

03

基礎運算

- 程式執行過程中，某些資料會重複出現但資料內容不會改變，稱為常數；可以隨時改變其資料內容，稱為變數。

- 一般加、減、乘、除等數學運算，稱為算術運算。在 App Inventor 進一步提供開根號、三角函數等進階數學運算的函式。字串在處理時也能將多個字串連接成一個字串稱為字串運算。

- 在 App Inventor 中對話框組件可顯示訊息後自動消失而不干擾使用者操作，也可用彈出式對話框方式來顯示訊息，對於程式在運作上有很多方便的地方。

3.1 常數與變數

在日常生活中，運算是時時刻刻都會用到的技能：小到在商店買東西，大到複雜的銀行利息計算，都與生活息息相關。程式設計也不例外，每個應用程式都離不開運算，而常數及變數則是運算時使用的基本元素。

3.1.1 常數

意義

程式執行過程中某些資料會重複出現，但內容不會改變，這種資料稱為「常數」。

種類

App Inventor 中常數分為三種：

■ **數值常數**：資料內容是數值。設定方法是在 **內置塊** 項目點選 **數學**，再拖曳 **0** 拼塊使用。於拼塊編輯區以滑鼠左鍵按數字「0」會呈現反白，此時可輸入新的數值，例如宣告值為「10」的數值常數。數值常數只能輸入數字 (0-9、.、+、-)，如果輸入非數字字元，設定值會還原為「0」。

■ **字串常數**：資料內容是字串。設定方法是在 **內置塊** 頁籤點選 **文本**，再拖曳 **空字串** 拼塊使用。於拼塊編輯區以滑鼠左鍵按兩個「"」符號中間的空白處即可輸入新的字串，例如宣告值為「string」 的字串常數。

字串常數的資料內容也可以是中文。

- **邏輯常數**：邏輯常數只有兩個值，**真** 及 **假**，開發者可以直接取用。邏輯常數位於 **內置塊** 項目的 **邏輯**。

3.1.2 變數

意義

變數是一個隨時可改變其資料內容的容器名稱，例如可宣告一個名稱為 score 的變數，如果要計算學生甲的成績，score 變數就存放學生甲的成績；當要計算學生乙的成績，score 變數就存放學生乙的成績，而不必為每一位學生的成績都建立一個常數來儲存。

宣告

變數的宣告方法是在 **內置塊** 項目點選 **變量**，再點選 **初始化全域變數** 拼塊，這就是宣告變數的拼塊。預設的變數名稱為「變數名」，以滑鼠左鍵按拼塊上 **變數名** 文字，使其呈現反白，此時可輸入新的變數名稱，例如「score」。

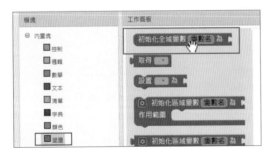
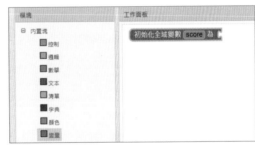

建立變數後要設定初始值。如果沒有設定，使用時會產生警告錯誤，執行時雖然不會產生錯誤，但可能造成不可預期的執行結果。一旦發生這種錯誤要除錯相當困難，所以開發者應養成為變數設定初始值的良好習慣。

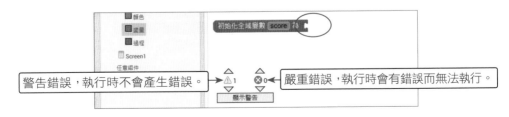

種類

變數主要分為 **數值變數**、**字串變數** 與 **邏輯變數**，依據變數的初始值為 **數值常數**、**字串常數** 或 **邏輯常數** 而定。

命名

變數名稱可使用中文字、英文大小寫字母、數字、「@」及「_」符號，其中英文大小寫字母視為不同，最重要的是變數名稱的第一個字元不能是數字。如果輸入的名稱違反命名規則，系統會自動還原為預設值「name」。

存取變數值

在程式中存取變數值的方法有兩種：第一種方法是將滑鼠移到宣告的變數名稱上，片刻後就會顯示取得及設定該變數值的拼塊，在拼塊上按滑鼠左鍵就可將該拼塊加入拼塊編輯區。

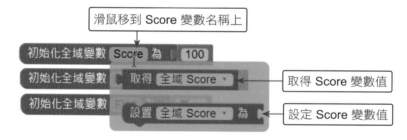

第二種方法是在 **內置塊** 項目點選 **變量**，再點選 **取得**（取得變數值）或 **設置**（設定變數值）拼塊，接著在拼塊編輯區於下拉式選單中點選要使用的變數名稱。

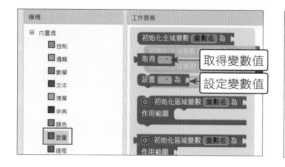

3.2 認識對話框組件

應用程式在執行過程中常會需要顯示一些訊息告知使用者必要資訊，**對話框** 組件顯示訊息後會自動消失而不干擾使用者操作，也可用彈出對話框方式來顯示訊息。

3.2.1 非可視組件

可以在螢幕中顯示的組件，稱為「可視組件」。有些組件執行時不會在螢幕中顯示，若需要使用該組件時，可用程式呼叫方式執行，此種組件稱為「非可視組件」，**對話框** 組件就屬於非可視組件。

在畫面編排頁面將非可視組件拖曳到工作面板區時，組件會置於最下方 **非可視組件** 區，表示此為不會顯示的組件。例如建立 **對話框 1** 組件：

3.2.2 對話框組件

功能說明

對話框 組件屬於 **使用者介面** 類別，是一種非可視組件，使用時會以對話框形式呈現。**對話框** 組件可用多種方式顯示訊息：如顯示訊息一段時間後再自動消失、單純式對話框顯示訊息、互動式對話框顯示訊息等。

事件及方法

對話框 組件常用的事件及方法有：

事件或方法	說明
選擇完成 事件	使用者按對話框中的按鈕後觸發本事件。
輸入完成 事件	使用者在對話框中輸入文字，再按 **OK** 鈕後觸發本事件。
顯示警告訊息 方法	顯示訊息，該訊息隨後會自行消失。
顯示選擇對話框 方法	顯示兩個按鈕的對話框，按任一按鈕後對話框都會消失。
顯示訊息對話框 方法	顯示訊息對話框，按對話框中的按鈕後對話框才消失。
顯示文字對話框 方法	顯示可輸入文字對話框，按 **OK** 鈕後對話框消失。

3.2.3 顯示警告訊息方法

顯示警告訊息 方法會在螢幕中央顯示指定的訊息，此訊息會在數秒後自動消失。

顯示警告訊息 方法的拼塊為：

例如顯示的訊息為「這是對話框警告訊息」：

執行結果為：

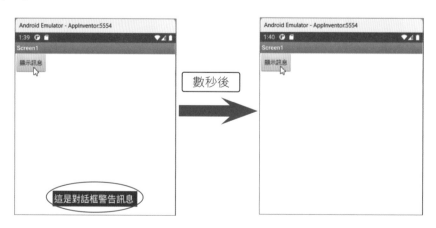

3.2.4 顯示訊息對話框方法

顯示警告訊息 方法的最大好處是顯示完訊息後會自動消失，完全不需要使用者操作，因此可在不影響程式運作情況下將訊息傳達給使用者。**顯示警告訊息** 方法顯示的訊息雖然方便，有時會因使用者的疏忽而沒有看到，如果要確定使用者必定會看到訊息，則可使用 **顯示訊息對話框** 方法。

顯示訊息對話框 方法會彈出一個對話框來顯示訊息，此訊息會一直存在，直到使用者按對話框中的按鈕才會消失。

顯示訊息對話框 拼塊為：

例如顯示訊息：「這是 顯示訊息對話框 訊息」，標題：「警告」，按鈕文字：「確定」：

執行結果為：

使用時要特別留意：當程式執行到 **顯示訊息對話框** 方法並彈出對話框，程式並不會停下等使用者查看訊息及關閉對話框後才向下執行，而是立刻繼續往下執行程式。例如：

在程式拼塊中，**顯示訊息對話框** 方法後以 **標籤** 組件顯示「這是下一列訊息」，執行結果為：

由上圖可看出雖然對話框尚未關閉，**顯示訊息對話框** 的下一列程式拼塊已經執行。

▼範例：註冊資料進階版

輸入帳號及密碼後按 **顯示短暫訊息** 鈕，會在螢幕中央顯示密碼，顯示後數秒自動消失；按 **顯示對話方塊** 鈕，密碼會以對話框呈現，使用者按下對話框中的 **確定** 鈕才會關閉對話框。<ex_ShowAlert.aia>

介面配置

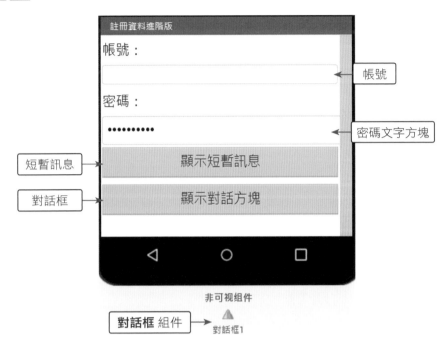

對話框 組件 ➜ ⚠ 對話框1

程式拼塊

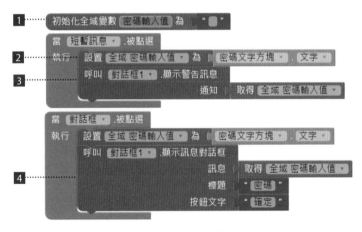

1 建立 **密碼輸入值** 變數用來儲存使用者輸入的密碼。

2 按 **顯示短暫訊息** 鈕先將使用者輸入的密碼存入 **密碼輸入值** 變數中。

3 以 **顯示警告訊息** 方法顯示密碼。

4 按 **顯示對話方塊** 鈕就以 **顯示訊息對話框** 方法顯示密碼。

3.3 算術與字串運算

幾乎所有應用程式都會使用算術運算及字串運算。一般人提到「運算」時，如果沒有特別說明，多數是指算術運算。

3.3.1 算術運算

意義

執行數學運算稱為算術運算，主要是加、減、乘、除四則運算，App Inventor 也提供開根號、三角函數等進階數學運算。建立算術運算的拼塊是 **內置塊** 項目的 **數學** 指令。

建立算術運算程式拼塊

以下用「5+2」運算式示範算術運算程式拼塊建立過程：

1. 在 **內置塊** 項目點選 **數學**，然後按 **+** 拼塊。再一次點選 **數學**，然後按 **0** 拼塊，於拼塊編輯區以滑鼠左鍵按數字「0」，輸入新的數值「5」。拖曳 **5** 拼塊到 **+** 拼塊的左邊拼塊填入處。

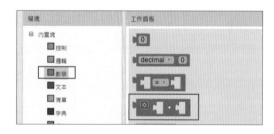 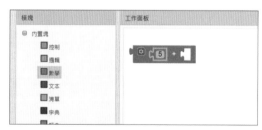

2. 加入 **2** 拼塊：點選 **數學**，然後按 **0** 拼塊，於拼塊編輯區以滑鼠左鍵按數字「0」，輸入新的數值「2」。拖曳 **2** 拼塊到 **+** 拼塊的右邊拼塊填入處。

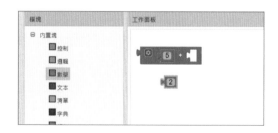 

算術運算程式拼塊

拼塊	意義	範例	運算結果
	加法	6 + 2	8
	減法	6 - 2	4
	乘法	6 × 2	12
	除法	6 / 2	3
	指數	6 ^ 2	36

減法、除法及指數運算拼塊沒有擴充項目圖示，只能做兩個數字運算；加法及乘法拼塊具有擴充項目圖示，可以多個數字做連加及連乘。以建立「6+2+4」拼塊為例：完成「6+2」拼塊後，在擴充項目圖示上按一下滑鼠左鍵，拖曳左方 **number** 拼塊到 + 區塊下方，就可新增一個空白的加數位置；點選 **數學**，然後按 **0** 拼塊，於拼塊編輯區以滑鼠左鍵按數字「0」， 輸入新的數值「4」。拖曳 **4** 拼塊到空白加數位置。

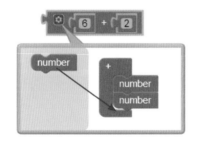
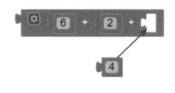

學習小叮嚀

擴充項目圖示新增項目依拼塊而異

擴充項目圖示是 App Inventor 新增的功能，許多拼塊具有此功能。新增項目則依不同種類拼塊而異，例如上述加法及乘法運算拼塊可以新增運算元，形成多數連加或連乘；其他如合併文字拼塊可以新增合併的字串，條件判斷拼塊可以新增條件式，形成多條件式判斷等。各拼塊擴充項目圖示的使用方法，將在後面章節中詳細說明。

3.3.2 字串運算

意義

將多個字串連接成一個字串稱為字串運算。字串運算功能是以 **合併文字** 拼塊來達成，可連接兩個或多個字串。

建立字串運算程式拼塊

合併文字 拼塊位於 **內置塊** 項目的 **文本** 指令，將兩個字串拼塊置於 **合併文字** 拼塊的拼塊填入處，就能將兩個字串連合。例如「Apple」拼塊及「 Pen」拼塊，結合後的結果為「Apple Pen」。

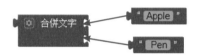 

合併文字 拼塊本身可以結合兩個字串，而且具有擴充項目圖示，可以結合多個字串。以結合三個字串為例：在擴充項目圖示上按一下滑鼠左鍵，拖曳左方 **文字** 拼塊到 **合併文字** 區塊下方，就可新增一個加入字串的位置；拖曳三個字串拼塊到 **合併文字** 拼塊中，就可將三個字串結合。

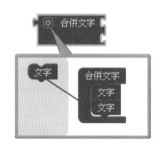 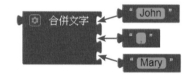

▼ 範例：加法運算

輸入兩個數值後按 **兩數相加** 鈕後，會以數學計算式的形式在下方顯示計算結果。
<ex_Add.aia>

3:01	加法運算	3:01	加法運算
第一個數值：	第一個數值：
43	43
第二個數值：	第二個數值：
87	87
兩數相加	兩數相加
	43 + 87 = 130

» 介面配置

顯示結果 為標籤組件，設定 **文字** 屬性為空字串，程式執行後就不會顯示此組件。
使用者按下 **兩數相加** 鈕後，再以程式將此組件顯示於螢幕中。

» 程式拼塊

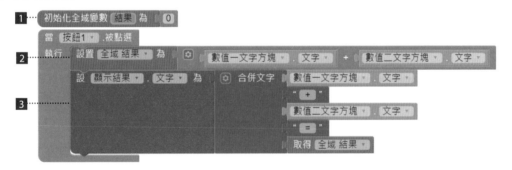

1 建立 **結果** 變數儲存兩數相加的總和。

2 計算兩數總和，再將總和儲存於於變數 **結果** 中。

3 在 **顯示結果** 組件顯示變數 **結果** 的數值：訊息是由 5 個字串組合而成。

3.4 綜合練習：面積換算器 App

使用者在平方公尺文字輸入盒中輸入要換算的數字後，按開始換算鈕即會自動計算為坪、公頃、甲、分並顯示在畫面上；按全部清除鈕後會清空文字輸入盒並停留在其中等待重新輸入，也將坪、公頃、甲、分結果文字歸零。<ex_Area.aia>

面積換算公式為：

1 平方公尺 = 0.3025 坪

1 公頃 = 10000 平方公尺

1 甲 = 2934 坪

1 分 = 0.1 甲

» 介面配置

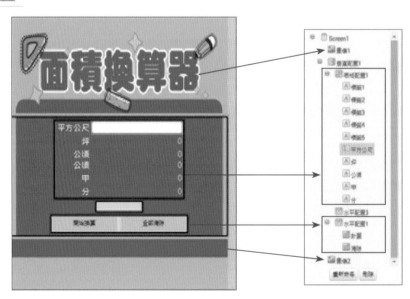

請在 **素材** 區上傳範例資料夾 <media> 裡的 <area_head.png>、<area_bg.png>、<area_bt.png>。

接著請在 **工作面板** 區加入相關的組件，重點如下：

1. **Screen1**：水平對齊 設「居中」，**垂直對齊** 設「居上」，**背景顏色** 設「淺灰」，**螢幕方向** 設「鎖定直式畫面」，**視窗大小** 設「自動調整」。

2. **圖像 1**：為版頭圖片，**圖片** 設「area_head.png」，**寬度** 為「填滿」，核取 **放大 / 縮小圖片來適應尺寸**。

3. **垂直配置 1**：放置輸入資料的文字輸入盒及按鈕處，**寬度** 為「填滿」，**圖像** 設「area_bg.png」當作背景圖片。

4. **表格配置 1**：用表格配置將輸入及顯示資料進行排版，設定 **列數** 為「2」，**行數** 為「5」。

5. **標籤 1~ 標籤 5**：設定顯示欄位文字標籤，**字體大小** 為「20」，**文字顏色** 為「白色」，**文字對齊** 為「居右」。

6. **平方公尺**：輸入平方公尺的文字輸入盒，**字體大小** 為「20」，**寬度** 為「200 像素」，核取 **僅限數字**，**文字對齊** 為「居右」。

7. **坪、公頃、甲、分**：顯示換算結果的標籤，**字體大小** 為「20」，**文字顏色** 為「黃色」，**文字** 為「0」，**文字對齊** 為「居右」。

8. **水平配置 1**：放置二個按鈕，**寬度** 為「300 像素」。

9. **計算、清除**：二個按鈕，**寬度** 為「填滿」。

10. **圖像 2**：為版尾圖片，**圖片** 設「area_bt.png」，核取 **放大 / 縮小圖片來適應尺寸**。

» 程式拼塊

1 初始化全域變數 平方公尺 為 0

2 當 計算 .被點選
3 執行 如果 平方公尺 . 文字 ≠ " " 與 平方公尺 . 文字 ≥ 0
4 則 設置 全域 平方公尺 為 平方公尺 . 文字
5 設 坪 . 文字 為 取得 全域 平方公尺 × 0.3025
設 公頃 . 文字 為 取得 全域 平方公尺 / 10000
設 甲 . 文字 為 坪 . 文字 / 2934
設 分 . 文字 為 甲 . 文字 × 10

6 當 清除 .被點選
7 執行 呼叫 平方公尺 .請求焦點
8 設 平方公尺 . 文字 為 " "
設 坪 . 文字 為 0
設 公頃 . 文字 為 0
設 甲 . 文字 為 0
設 分 . 文字 為 0

1 建立 **平方公尺** 變數來儲存輸入的數值。

2 設定 **計算** 按鈕按下時執行換算程式。

3 當 **平方公尺 . 文字** 有輸入值並且大於等於 0 時才進行換算。

4 將輸入的數值儲存於 **平方公尺** 變數中。

5 利用換算公式分別計算出結果，設定到 **坪 . 文字**、**公頃 . 文字**、**甲 . 文字**、**分 . 文字** 上顯示在畫面中。

6 設定 **清除** 按鈕按下時執行程式重置的動作。

7 設定 **平方公尺** 文字輸入盒 **請求焦點** 的動作，如此輸入線就會回到該欄位中。

8 將 **平方公尺 . 文字** 內容清空，**坪 . 文字**、**公頃 . 文字**、**甲 . 文字**、**分 . 文字** 顯示為「0」。

延 伸 練 習

實作題

1. 在畫面中輸入英制單位的身高後按 **換算為公分** 鈕，會在螢幕中央顯示以公分為單位的身高，訊息會在數秒後就消失。<Ch03_ex1.aia>

2. 輸入 **被減數** 及 **減數** 的數值後按 **兩數差** 鈕，會以數學計算式形式在對話框顯示 **被減數** 減 **減數** 的計算結果。<Ch03_ex2.aia>

MEMO

04

流程控制

- 執行程式通常是循序執行，就是依照程式碼一列一列依次執行；但有時需依情況不同而執行不同程式碼，其依據的原則就是「判斷式」。

- 複選盒組件可以建立一組選項讓使用者選取。如果要讓使用者回應訊息，並且對回應做後續處理，需使用對話框組件的顯示選擇對話框方法。

- App Inventor 提供的固定執行次數迴圈指令有：對於任意數字範圍迴圈及對於任意清單迴圈；不固定執行次數迴圈則只有滿足條件迴圈。

4.1 判斷式

執行程式通常是依照程式碼一列一列依照順序執行；但有時需依情況不同而執行不同程式碼，其依據的原則就是「判斷式」。例如老王約了朋友明天早上打籃球，如果下雨就在老王家玩線上遊戲。老王的判斷式就是「天氣是否下雨」，以決定要從事何種活動。**判斷式通常會使用比較運算或邏輯運算做為判斷的依據**，傳回值都是「真」或「假」。

4.1.1 比較運算

意義

比較運算是比較兩個項目，若比較正確就傳回「真」，若比較錯誤就傳回「假」，設計者可根據比較結果做不同的處理。

種類

比較運算分為 數值比較運算 與 字串比較運算。

數值比較運算位於 **內置塊** 項目的 **數學** 指令，用於兩個數值的比較。數值比較運算有 6 種，App Inventor 將其融合在一個拼塊中：點按拼塊中央的下拉式選單，即可選取要使用的比較運算。

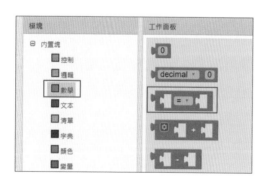
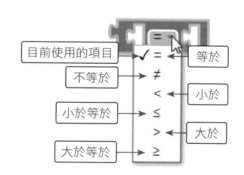

字串比較運算位於 **內置塊** 項目的 **文本** 指令，用於兩個字串的比較。字串比較運算有 4 種，App Inventor 將其融合在一個拼塊中：點按拼塊中央的下拉式選單，即可選取要使用的比較運算。

字串比較是逐一比較字串中的英文字母順序，若相同就比較下一個字元，直到比較出大小為止。注意：小寫字母比大寫字母順序先喔！

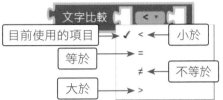

下面是幾個比較運算的例子：

範例	運算結果
65 > 43	真
文字比較 " bear " > " apple "	真
文字比較 " bear " < " apple "	假

4.1.2 邏輯運算

意義

邏輯運算是結合多個比較運算來綜合得到最後比較結果，通常用在較複雜的條件比較。

邏輯運算程式拼塊

邏輯運算位於 **內置塊** 項目的 **邏輯** 指令，共有 4 個拼塊；其中「等於」拼塊的下拉式選單中有「等於」及「不等於」兩種運算。

拼塊	意義	範例	結果
非	**非**：傳回與運算相反的結果。	非 0 > 2	真
=	**等於及不等於**：可以進行數值或字串的等於及不等於運算。	" bear " = " BEAR "	假
與	**與**：所有比較運算結果都是「真」時才傳回「真」，否則傳回「假」。	6 > 2 與 7 < 3	假
或	**或**：只要有一個比較運算結果是「真」時就傳回「真」，否則傳回「假」。	6 > 2 或 7 < 3	真

深入解析

1. **非** 拼塊會檢查其後運算的結果，如果運算結果是「真」，**非** 拼塊會傳回「假」；如果運算結果是「假」，**非** 拼塊會傳回「真」。

2. **與** 拼塊只有在所有比較運算結果都是「真」 時才傳回「真」，只要有一個比較運算結果是「假」 就會傳回「假」，相當於數學上集合的**交集**。

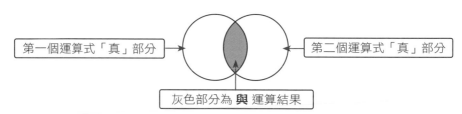

第一個運算式	第二個運算式	與運算結果
真	真	真
真	假	假
假	真	假
假	假	假

3. **或** 拼塊與 **與** 拼塊相反，只有在所有比較運算結果都是「假」時才傳回「假」，只要有一個比較運算結果是「真」就會傳回「真」，相當於數學上集合的**聯集**。

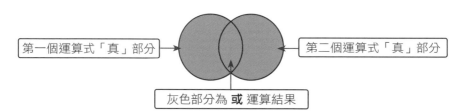

第一個運算式	第二個運算式	或運算結果
真	真	真
真	假	真
假	真	真
假	假	假

4.1.3 單向判斷式

意義

單向判斷式是檢查指定的條件式，當條件式為「真」時，就會執行判斷式內的程式拼塊，若條件式為「假」時，就直接結束單向判斷式拼塊。

單向判斷式拼塊位於 **內置塊** 項目的 **控制** 指令，拼塊的意義為「如果測試條件的結果為 **真**，則執行程式區塊。」

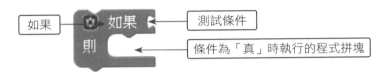

例如若年齡已滿 18 歲就顯示「你已成年！」訊息。

單向判斷式流程圖

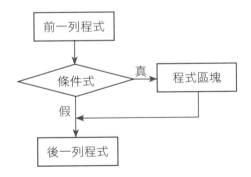

▶**範例：單向成績及格判斷**

輸入的分數若是大於或等於 60，按 **及格判斷** 鈕後會顯示「你過關了！」訊息；若小於 60，將不會顯示任何訊息。<ex_IfScore.aia>

» 介面配置

顯示訊息 組件用於顯示使用者按下按鈕後的訊息。

» 程式拼塊

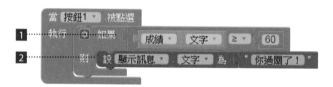

1 檢查輸入的分數是否大於或等於 60。

2 輸入的分數若是大於或等於 60，就執行 **則** 後面的程式拼塊 (顯示過關訊息)，若不是就直接離開單向判斷式，也就是未執行任何程式拼塊。

4.1.4 雙向判斷式

意義

單向判斷式功能並不完整，因為當條件式為「假」時，程式也應該做些事來告知使用者，例如在輸入成績的例子中，使用者輸入分數小於 60 時，可顯示「不及格」告知使用者，此時可用雙向判斷式來達成任務。

雙向判斷式拼塊是在單向判斷式拼塊中按擴充項目圖示來建立：拖曳 **否則** 拼塊到 **如果** 拼塊內。雙向判斷式拼塊的意義為「如果測試條件的結果為 **真**，就執行 **則** 的程式區塊；若測試條件的結果為 **假**，就執行 **否則** 的程式區塊。」

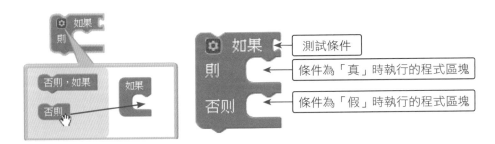

例如若年齡已滿 18 歲就顯示「你已經成年！」訊息，若年齡不到 18 歲時就顯示「你未成年！」訊息。

雙向判斷式流程圖

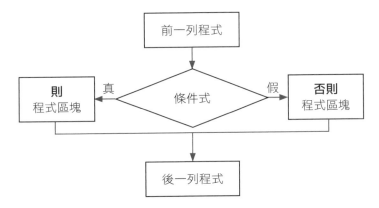

▼ 範例：雙向成績及格判斷

輸入的分數若是大於或等於 60，按 **及格判斷** 鈕後會顯示「你過關了！」訊息；若小於 60，則顯示「你被當了！」訊息。<ex_IfElseScore.aia>

介面配置與前一小節「單向成績及格判斷」範例完全相同。

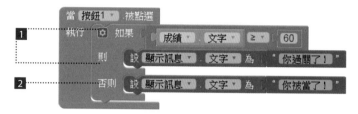

1 檢查輸入的分數是否大於或等於 60，若是就執行 **則** 後面的程式拼塊 (顯示「過關」訊息)。

2 若小於 60，就執行 **否則** 後面的程式拼塊 (顯示「被當」訊息)。

4.1.5 多向判斷式

意義

其實日常生活中所碰到的狀況大部分不會是一個簡單的判斷式就能解決，例如四季的判斷：1-3 月為春季、4-6 月為夏季、7-9 月為秋季、10-12 月為冬季。

多向判斷式拼塊是在單向判斷式拼塊按擴充項目圖示來建立：拖曳 **否則，如果** 拼塊到 **如果** 拼塊內。每拖曳一次 **否則，如果** 拼塊就新增一個條件式，可視實際需要決定新增條件式的個數。

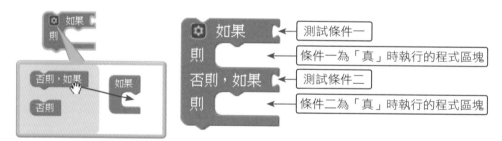

如果要加入所有條件都不成立時執行的程式區塊，可拖曳 **否則** 拼塊到最後一個 **否則，如果** 拼塊的下方，則當所有條件都不成立時，會執行 **否則** 中的程式拼塊。

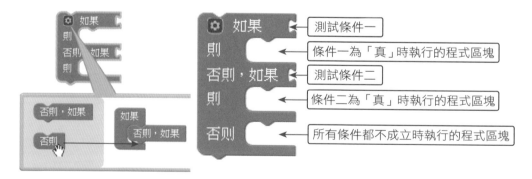

多向判斷式流程圖 (以兩個條件式為例)

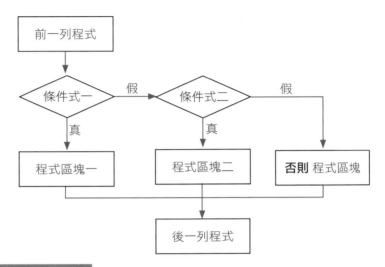

▼ 範例：成績等第判斷

輸入分數若是大於或等於 90 分，按 **等第判斷** 鈕後會顯示「優等」， 80 到 89 分顯示「甲等」，70 到 79 分顯示「乙等」，60 到 69 分顯示「丙等」，其他 (也就是小於 60 分) 則顯示「丁等」。<ex_ScoreGrade.aia>

介面配置與前一小節「雙向成績及格判斷」相同，只有按鈕文字改為 **等第判斷**。

» 程式拼塊

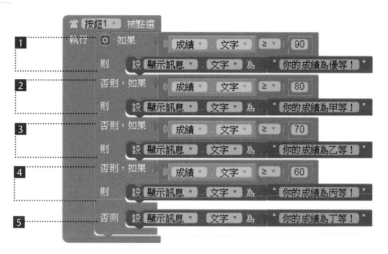

1️⃣ 若 **成績** >=90，顯示等第為「優等」。

2️⃣ **成績** >=80 時，由於 1️⃣ 的條件不成立，因此成績是介於 80 到 90 之間，於是顯示等第為「甲等」。

3️⃣ 同理，成績介於 70 到 80 之間顯示等第為「乙等」。

4️⃣ 同理，成績介於 60 到 70 之間顯示等第為「丙等」。

5️⃣ 若 1️⃣ 到 4️⃣ 條件都不成立，表示成績在 60 以下，顯示等第為「丁等」。

4.2 複選盒與 Switch 組件

複選盒 組件、**Switch** 組件及 **對話框** 組件的互動式對話方塊功能,可以搭配判斷式做為使用者選取組件後的處理。

4.2.1 複選盒組件

功能說明

複選盒 組件可以建立一組選項讓使用者選取。每一個 **複選盒** 選項都是獨立的,其選取與否對其他 **複選盒** 選項沒有影響。所以對一組 **複選盒** 選項,可以單選,也可以複選,甚至可以任何選項都不選。

☐ 複選盒1文本

屬性設定

屬性	說明
背景顏色	設定背景顏色。
選中	設定組件是否核選。
啟用	設定組件是否有作用。
粗體	設定文字是否顯示粗體。
斜體	設定文字是否顯示斜體。
字體大小	設定文字大小,預設值為「14」。
字形	設定文字字形。
文字	設定選項文字。
文字顏色	設定文字顏色。
可見性	設定是否在螢幕中顯示組件。

4.2.2 Switch 組件

功能說明

Switch 組件相當於一個切換開關,可以點選或指撥方式改變狀態為開啟或關閉狀態,利用 **在** 屬性可以取得目前開關的狀態。

Switch1文本 ⚫⬤

屬性設定

屬性	說明
背景顏色	設定背景顏色。
啟用	設定組件是否有作用。
粗體	設定文字是否顯示粗體。
斜體	設定文字是否顯示斜體。
字體大小	設定文字大小，預設值為「14」。
字形	設定文字字形。
在	如果開關處於開啟狀態，傳回 true，否則為 false。
文字	設定 Switch 組件顯示的文字。
文字顏色	設定文字顏色。
啟動時的指針顏色	指定開關處於 " 開啟 " 狀態時，開關的拇指顏色。
關閉時的指針顏色	指定開關處於 " 關閉 " 狀態時，開關的拇指顏色。
TrackColorActive	指定開關處於 " 開啟 " 狀態時，開關的軌道顏色。
TrackColorInactive	指定開關處於 " 關閉 " 狀態時，開關的軌道顏色。
可見性	設定是否在螢幕中顯示組件。

事件

事件	說明
狀態被改變	將切換開關的狀態從開啟更改為關閉或從關閉更改為開啟時，都會觸發此事件。

Switch 組件最常使用的方式是在切換開關的狀態改變時，依據目前切換開關的狀態做出相對應的處理。例如：當 Switch 開啟時以標籤顯示「開啟」、 Switch 關閉時以標籤顯示「關閉」。

▶範例：喜愛的水果

分別核選三種水果名稱左方的複選盒後按 **確定** 鈕，下方會顯示核選的水果名稱。

<ex_Checkbox.aia>

»介面配置

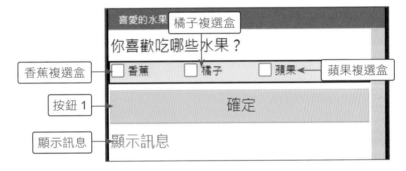

»程式拼塊

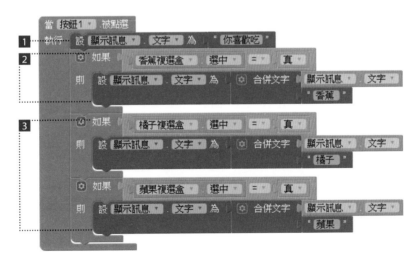

1 設定顯示訊息預設值：「你喜歡吃」。

2 如果「香蕉」項目複選盒被核取，就將「香蕉」加入顯示文字中。

3 「橘子」及「蘋果」項目複選盒做相同處理。

4.3 進階對話框組件

前一章介紹 **對話框** 組件的 **顯示警告訊息** 及 **顯示訊息對話框** 方法,其功能只能單純顯示訊息,無法接收使用者看了訊息所做的回應。如果要讓使用者可以回應訊息,並且對回應做後續處理,需使用 **顯示選擇對話框** 方法。

4.3.1 顯示選擇對話框方法

功能說明

顯示選擇對話框 方法會彈出一個對話方塊來顯示訊息,對話方塊中有兩個自訂名稱按鈕及一個 **允許取消** 按鈕,使用者按下按鈕後對話方塊就消失,此時會觸發 **選擇完成** 事件,同時將使用者所按的按鈕值傳入,設計者可在 **選擇完成** 事件中做後續處理。

顯示選擇對話框 方法的拼塊為:

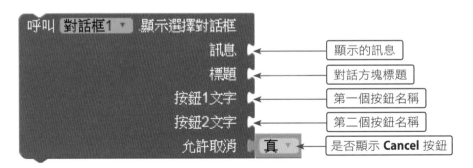

顯示選擇對話框 方法最常使用於刪除資料或檔案時,利用對話方塊提供使用者確認刪除的機會,以免使用者不小心刪除重要資料,例如:

執行結果為：

對話方塊標題

第一個按鈕名稱

第二個按鈕名稱

深入解析

注意 **允許取消** 參數是一個邏輯常數值（預設值為「真」），若設定為「真」，對話方塊中會自動增加一個名稱為 **取消** 的按鈕；若設定為「假」，將不會產生名稱為 **取消** 的按鈕。通常設計者會自行建立中文名稱為「取消」的按鈕，所以 **允許取消** 參數值通常設定為「假」。

使用者按下按鈕會觸發 **選擇完成** 事件，**選擇完成** 事件的拼塊為：

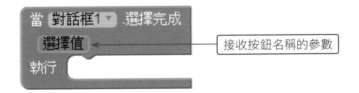

接收按鈕名稱的參數

例如按下名稱為「確定」的按鈕後，在 **選擇完成** 事件中會顯示檔案被刪除的訊息。

4.3.2 整合範例：輸入基本資料

建立使用者基本資料是應用程式常用的功能，本範例利用複選盒及互動式對話方塊讓使用者確認輸入資料的正確性。

▌範例：基本資料

姓名欄位必須輸入資料，否則會顯示提示訊息；性別複選盒若核選表示「男性」，否則為「女性」。輸入資料後按 **確定** 鈕會顯示 **輸入確認** 對話方塊，若按 **資料正確** 鈕會在下方顯示資料，表示輸入完成；若按 **重新輸入** 鈕則回到輸入畫面讓使用者修改資料。<ex_BasicData.aia>

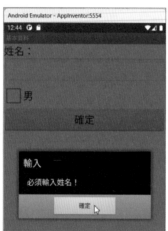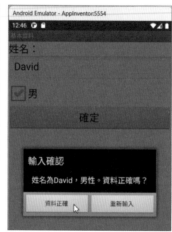

介面配置

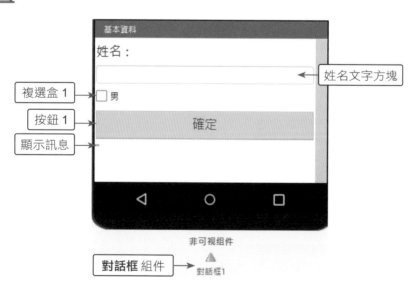

程式拼塊

1. 使用者輸入資料後按 **確定** 鈕執行的程式碼。

1 建立 **性別** 變數儲存性別資料。

2 清除 **顯示訊息** 組件資料。

3 如果未輸入 **姓名** 資料就使用 **顯示訊息對話框** 方法告知使用者必須輸入姓名資料。

4 **複選盒 1** 組件若核選就設定 **性別** 變數為「男性」，否則設定為「女性」。

5 使用 **顯示選擇對話框** 方法讓使用者確認輸入資料是否正確。

2. 使用者在 **顯示選擇對話框** 方法中按 **資料正確** 鈕或 **重新輸入** 鈕就觸發 **選擇完成** 事件。

4.4 迴圈

重複執行特定工作是電腦最擅長的能力，如果能將重複工作利用電腦操作，將可減輕許多工作上的負擔。

程式中用來處理重複工作的功能稱為「迴圈」，迴圈分為固定執行次數及不固定執行次數。App Inventor 提供的固定執行次數迴圈指令有 **對每個數字範圍迴圈** 及 **對於任意清單迴圈**，因為 **對於任意清單迴圈** 迴圈需搭配 **清單** 使用，本章不予討論；不固定執行次數迴圈則只有 **滿足條件** 迴圈。

4.4.1 對每個數字範圍迴圈

功能說明

對每個數字範圍迴圈 是固定執行次數的迴圈，其拼塊位於 **內置塊** 項目的 **控制** 指令：

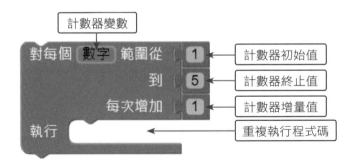

拼塊中 **數字** 是計數器變數名稱，程式中可由此變數取得計數器的數值；迴圈開始時會將計數器變數值設定為初始值，接著比較計數器變數值和終止值大小，如果計數器變數值小於或等於終止值就會執行 **執行** 區塊的程式拼塊。執行完程式區塊後會將計數器變數值加上計數器增量值，再比較計數器變數值和終止值大小，如果計數器變數值小於或等於終止值就會執行 **執行** 區塊的程式拼塊，如此周而復始，直到計數器變數值大於終止值才結束迴圈。

例如設定計數器變數為 **數字**，計數器初始值為 1，計數器終止值為 6，計數器增量值為 1，下圖拼塊的顯示結果為「1,2,3,4,5,6,」。

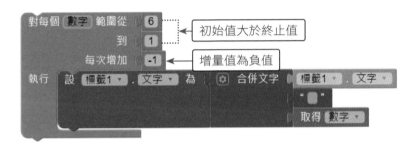

增量值也可為負值，此時計數器的初始值應大於終止值，則計數器變數值加上增量值後會由大到小遞減，直到計數器變數值小於終止值時就結束迴圈。例如下圖拼塊的顯示結果為「6,5,4,3,2,1,」。

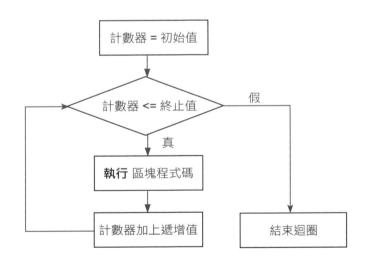

對每個數字範圍迴圈流程圖

```
        計數器 = 初始值
              │
              ▼
    ┌──  計數器 <= 終止值  ──┐ 假
    │         │真           │
    │         ▼             │
    │   執行 區塊程式碼       │
    │         │             ▼
    │         ▼          結束迴圈
    └── 計數器加上遞增值
```

▶ 範例：測試對每個數字範圍迴圈

使用者輸入 **對每個數字範圍迴圈** 的初始值、終止值及增量值後，程式會顯示迴圈中計數器的數值，並且計算迴圈執行的次數。如果初始值大於終止值，而且遞增值為正值，則迴圈一次都未執行，會顯示執行次數為 0 次 (下面右方圖形)。

<ex_ForEachNum.aia>

» 介面配置

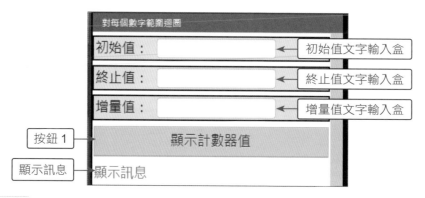

» 程式拼塊

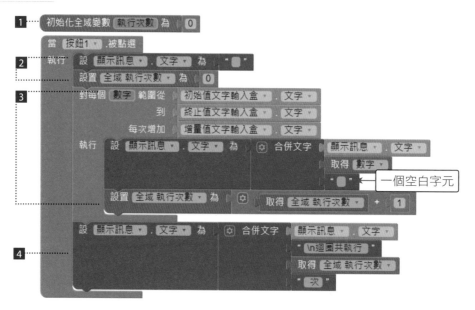

1 宣告 **執行次數** 變數儲存迴圈執行次數。

2 執行迴圈前清除顯示訊息欄位並設定迴圈執行次數為 0。

3 將使用者輸入的數值置入 **對每個數字範圍迴圈** 迴圈中，迴圈內程式是將每次執行時的迴圈計數器數值加入顯示字串中，並將 **執行次數** 增加 1。

4 最後將 **執行次數** 加入顯示字串中。

4.4.2 巢狀迴圈

意義

迴圈之中包含迴圈，稱為「巢狀迴圈」。使用巢狀迴圈可以節省大量程式碼，以一個拼塊就可完成複雜的工作。但使用時要特別留意，因其執行 **執行** 區塊程式拼塊的次數是每個迴圈執行次數的乘積，執行次數可能非常龐大，需耗費很大的系統資源，同時執行時間拉長，常常會讓使用者以為應用程式當機。例如：若內外迴圈各執行一千次，則實際執行將達一百萬次 (1000x1000=1000000)。

巢狀迴圈最常用的例子就是九九乘法表：使用兩個 1 到 9 的 **對每個數字範圍迴圈** 就可顯示九九乘法表。

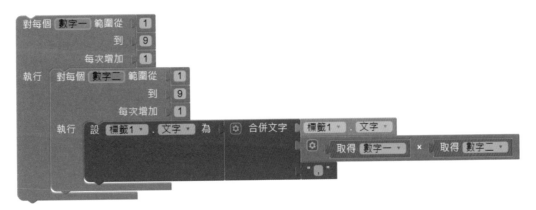

▶範例：錢字符號倒三角形

本範例使用巢狀迴圈，以文字列印方式排列出文字直角三角形。執行時輸入三角形的層數後，按 **繪出三角形** 鈕就會以指定的層數列印錢字符號三角形圖案。
<ex_MoneyTriangle.aia>

» 介面配置

» 程式拼塊

1 清除 **顯示訊息** 的內容,以免殘留上次執行結果。

2 外層迴圈:將使用者輸入的層數 (**文字輸入盒 1**) 做為初始值,增量值設為 -1,就可根據使用者輸入的數據遞減執行次數。

3 內層迴圈:依據外層迴圈計數器的值 (**數字一**) 決定列印錢字號的次數,外層迴圈執行第一次時 **數字一** 為使用者輸入的層數,所以列印錢字符號「層數」次,外層迴圈執行第二次 **數字一** 為「層數減 1」,所以列印錢字符號「層數減 1」次,依此類推,直到最後列印 1 次為止。

4 外層迴圈執行一次後就加入換列符號,如此外層迴圈執行一次就顯示一列。

4.4.3 滿足條件迴圈

功能說明

滿足條件 迴圈是不固定執行次數的迴圈,其原理是檢查條件式是否成立做為執行程式區塊的依據,例如程式要求教師要輸入班級每個人的成績,當輸入「-1」時就代表輸入完畢。所以應用程式會檢查輸入的成績決定是否繼續計算,當值為「-1」時,就知道這不是某位同學的成績(因為成績沒有負數),而是班級成績輸入結束的訊號。

滿足條件 迴圈拼塊位於 **內置塊** 項目的 **控制** 指令:

若測試條件的結果為「真」就執行 **執行** 區塊的程式拼塊,若為 「假」就結束 **滿足條件** 迴圈。例如 **數字** 變數的值為 1,下圖拼塊是 **數字** 的值每次增加 1,當 **數字** 的值小於或等於 10 就進行累加,也就是「1+2+……+10」的總和。

無窮迴圈

初學者很容易犯的錯誤是未在 **滿足條件** 迴圈改變條件式中的變數值,導致條件式沒有變更而形成無窮迴圈。 例如使用迴圈計算 1 到 10 總和的例子,如果忘記將 **數字** 變數的值加 1,則 **數字** 的值永遠為 1,則條件式永遠為「真」,程式將一直在 **滿足條件** 迴圈中執行,無法跳離迴圈而形成無窮迴圈。

這個錯誤會導致系統崩潰,要特別注意。

滿足條件迴圈流程圖

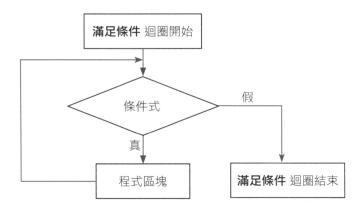

▌ 範例：計算整數連加總和

輸入一個大於 1 的整數，程式會計算 1+2+…… 到該數的總和；若輸入小於或等於 1 的數值會顯示提示訊息。 <ex_MultiPlus.aia>

» 介面配置

» 程式拼塊

1 初始化全域變數 總和 為 0
初始化全域變數 數字 為 1

2 當 按鈕1 .被點選
執行 設置 全域 總和 為 0
設置 全域 數字 為 1

3 如果 文字輸入盒1 . 文字 > 1

4 則 當 滿足條件 取得 全域 數字 ≤ 文字輸入盒1 . 文字
執行 設置 全域 總和 為 取得 全域 總和 + 取得 全域 數字
設置 全域 數字 為 取得 全域 數字 + 1

5 設 顯示訊息 . 文字 為 合併文字 " 1+……+ "
文字輸入盒1 . 文字
" = "
取得 全域 總和

6 否則 設 顯示訊息 . 文字 為 " 請輸入大於1的整數！"

1 宣告變數 **總和** 儲存計算結果，**數字** 做為計數器。

2 設定 **總和** 及 **數字** 變數初始值。

3 如果輸入的數值大於 1 就執行拼塊 **4** 及 **5**。

4 若輸入的數值大於 1 就使用 **滿足條件** 迴圈，由 1 開始逐項相加來取得總和，然後將計數器增加 1。

5 顯示計算總和。

6 如果輸入的數值小於或等於 1，就顯示提示訊息。

4.5 綜合練習：BMI 計算機 App

BMI 值稱為身體質量指標，是一個簡易判斷身體胖瘦程度的方法。使用者輸入身高及體重，按 **計算 BMI** 鈕後會在對話方塊中顯示 BMI 值：若 BMI>=24，表示「過重」；若 BMI<18.5，表示「太輕」；若 BMI 介於 18.5 及 24 之間，表示「標準」。若開啟 **體重範圍** 切換開關，會列出標準體重範圍讓使用者參考。若在 **BMI 資訊** 對話方塊按 **重新輸入** 鈕，會清除輸入資料。<ex_BMI.aia>

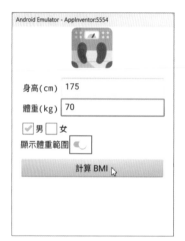
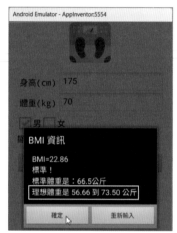

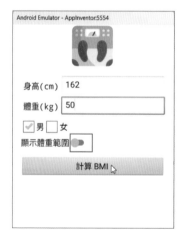
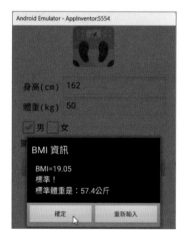

計算 BMI 值的公式是：

$$BMI = 體重\ (kg)\ /\ 身高\ (m)^2$$

男生標準體重的公式是：(身高 - 80) * 0.7

女生標準體重的公式是：(身高 - 70) * 0.6

» 介面配置

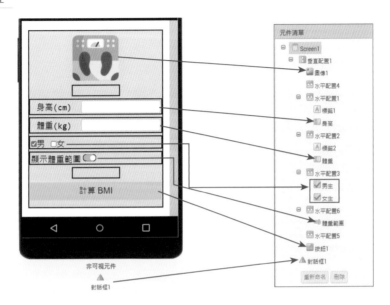

請在 **素材** 區上傳範例資料夾中 <media> 裡的 <weightscale.png>。接著請在 **工作面板** 區加入相關的組件，重點如下：

1. **Screen1**：**水平對齊** 設「居中」，**垂直對齊** 設「居上」，**螢幕方向** 設「鎖定直式畫面」，**視窗大小** 設「自動調整」。

2. **圖像 1**：**圖片** 設「weightscale.png」，**高度、寬度** 為「100 像素」。

3. **身高**：文字輸入盒，**字體大小** 為「20」，**寬度** 為「填滿」，**提示** 為「請輸入身高」，核取 **僅限數字**。

4. **體重**：文字輸入盒，**字體大小** 為「20」，**寬度** 為「填滿」，**提示** 為「請輸入體重」，核取 **僅限數字**。

5. **男、女**：複選盒，**字體大小** 為「20」，**文字** 分別為「男」、「女」，男的複選盒要核取 **選中**。

6. **體重範圍**：Switch 組件，**文字** 為「顯示體重範圍」，核取 **在** 屬性。

7. **按鈕 1**：**字體大小** 為「20」，**寬度** 為「填滿」，**文字** 為「計算 BMI」。

8. **對話框 1**：保持預設。

» 程式拼塊

1. 使用者輸入資料後按 **計算 BMI** 鈕執行的程式碼。

1 初始化全域變數 身高公尺 為 0
初始化全域變數 BMI 為 0
初始化全域變數 身體狀況 為 " "
初始化全域變數 最大體重 為 0
初始化全域變數 最小體重 為 0
初始化全域變數 標準體重 為 0
初始化全域變數 體重範圍 為 真
初始化全域變數 對話方塊訊息 為 " "

當 按鈕1 .被點選
執行 **2** 如果　身高 文字 ≠ " " 與 體重 文字 ≠ " " 與 身高 文字 ≠ 0
3 則 設置 全域 身高公尺 為 身高 文字 / 100
設置 全域 BMI 為 將數字 體重 文字 / 取得 全域 身高公尺 ^ 2 設為小數形式，位數 2
4 如果 取得 全域 BMI ≥ 24
則 設置 全域 身體狀況 為 " 過重了！"
否則，如果 取得 全域 BMI < 18.5
則 設置 全域 身體狀況 為 " 太輕了！"
否則 設置 全域 身體狀況 為 " 標準！"
5 如果 體重範圍 在 = 真
則 設置 全域 最大體重 為 取得 全域 身高公尺 ^ 2 × 24
設置 全域 最小體重 為 取得 全域 身高公尺 ^ 2 × 18.5
設置 全域 體重範圍 為 合併文字 "
理想體重是 "
將數字 取得 全域 最小體重 設為小數形式，位數 2
" 到 "
將數字 取得 全域 最大體重 設為小數形式，位數 2
" 公斤 "
6 否則 設置 全域 體重範圍 為 " "
7 如果 男生 選中
則 設置 全域 標準體重 為 身高 文字 - 80 × 0.7
否則 設置 全域 標準體重 為 身高 文字 - 70 × 0.6
8 設置 全域 對話方塊訊息 為 合併文字 " BMI= "
取得 全域 BMI
"
 "
取得 全域 身體狀況
合併文字 "
標準體重是 : "
取得 全域 標準體重
" 公斤 "
取得 全域 體重範圍
呼叫 對話框1 .顯示選擇對話框
訊息 取得 全域 對話方塊訊息
標題 " BMI 資訊 "
9 按鈕1文字 " 確定 "
按鈕2文字 " 重新輸入 "
允許取消 假

1 變數宣告：**身高公尺** 儲存以公尺為單位的身高，**BMI** 儲存計算得到的 BMI 值，**身體狀況** 儲存根據 BMI 判斷得到的輕重狀況，**最大體重**、**最小體重** 儲存標準體重的上、下限，**標準體重** 為最標準的體重，**體重範圍** 為標準體重的上、下限組合的字串，**對話方塊訊息** 儲存對話方塊顯示字串。

標準體重 計算公式男生、女生不同，男生是「(身高 -80)*0.7」、女生是「(身高 -70)*0.6」，其中身高的單位是公分。

2 確認身高、體重都必須輸入，且身高不是 0 才處理。

3 以公式計算 BMI 值，並取到小數點兩位數。

4 若 BMI>=24，表示 **身體狀況** 為「過重了！」；若 BMI<18.5，表示 **身體狀況** 為「太輕了！」；若前面兩個條件都不成立，表示 BMI 在 18.5 且及 24 之間，表示 **身體狀況** 為「標準！」。

5 若開啟 **體重範圍** 切換開關就計算 **最大體重** 及 **最小體重** 數值並組合成字串。

6 若關閉 **體重範圍** 切換開關就設定為空字串，即不顯示 **體重範圍** 訊息。

7 依核選男生、女生計算標準體重。

8 將 **BMI**、**身體狀況**、**標準體重** 及 **體重範圍** 組合成對話方塊顯示字串。

9 以對話框組件的 **顯示選擇對話框** 方法顯示訊息。

2. 使用者在 **顯示選擇對話框** 方法中按 **重新輸入** 鈕就觸發 **選擇完成** 事件：清除使用者輸入的資料並將焦點移到身高欄位讓使用者重新輸入。

3. 當核選 **男生** 時，**女生** 取消核選，**男生** 取消核選時，**女生** 核選，同樣地當核選 **女生** 時，**男生** 取消核選，**女生** 取消核選時，**男生** 核選。

實作題

1. 百貨公司辦促銷活動：購買金額 10 萬元以上打八折，3 萬元以上不足 10 萬打九折。撰寫程式讓使用者輸入購買金額，按 **實付金額** 鈕就顯示實際應付金額。<Ch04_ex1.aia>

2. 在 **三角形層數** 欄位輸入一個數值後按 **繪出三角形** 鈕，就會以「#」符號繪出輸入數值層數的文字三角形。<Ch04_ex2.aia>

05

程序應用

- 在開發時通常會將具有特定功能或經常重複使用的程式拼塊，撰寫成獨立的小單元，稱為「程序」，當程式需要程序時，呼叫程序名稱就可執行該程序的程式拼塊。

- 程序分為無傳回值及有傳回值的程序。

5.1 程序

在較大型的應用程式中，常會有許多需要重複執行的程式碼區塊。如果每次要使用都重複加入這些程式碼，將使程式拼塊非常龐大。所以通常會將具有特定功能或經常重複使用的程式拼塊撰寫成獨立的小單元，稱為「程序」。每個程序會有一個名稱，當程式需要程序時，呼叫程序名稱就可執行該程序的程式拼塊。

5.1.1 無傳回值程序

建立無傳回值的程序

建立無傳回值程序的方法是在 **內置塊** 功能點按 **過程**，再按 **定義程序 程序名 執行** 拼塊即可，預設的程序名稱是 **程序名**，使用者可以更改程序名稱。

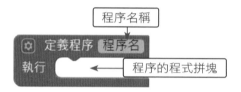

預設的程序並未含參數，如果要加入參數，可以如下操作：

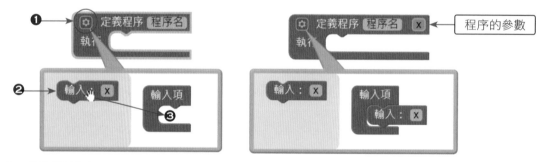

❶ 點選 ⚙ 擴充項目圖示開啟參數。

❷ 預設的參數名稱為 x，可以更改參數名稱，然後將拼塊拖曳到 **輸入項** 拼塊中。

❸ 參數拼塊區，也可以加入多個參數。

輸入 x 拼塊是程序設定的參數，程序可以沒有參數，也可以有一個以上參數，要刪除參數只要將參數從 **輸入項** 拼塊中拖離即可。

例如建立一個「**歡迎光臨**」程序，傳入的參數是使用者的姓名，功能是根據傳入姓名顯示歡迎訊息。

只要將滑鼠移到參數名稱「**姓名**」上，即會出現 **取得** 和 **設置** 拼塊，拖曳該拼塊即可使用該參數。

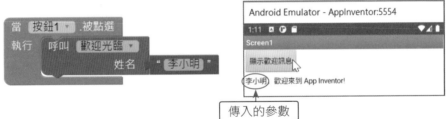

呼叫無傳回值的程序

程序建立完成後，就可在事件中呼叫程序來執行程序中的程式拼塊。呼叫無傳回值程序的方法是在 **內置塊** 功能點按 **過程**，再按 **呼叫 程序名** 拼塊。

例如在 **按鈕 1** 的 **被點選** 事件中呼叫前述建立的「**歡迎光臨**」程序並傳入「**李小明**」做為參數，程式拼塊及執行結果為：

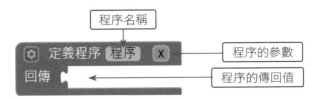

5.1.2 有傳回值程序

建立有傳回值的程序

建立有傳回值程序的方法是在 **內置塊** 功能點按 **過程**，再按 **定義程序 程序 回傳** 拼塊即可。

程序名稱

程序的參數

程序的傳回值

程序名稱、參數及程式拼塊使用方法皆與無傳回值程序相同,此處多一個 **回傳** 拼塊填入處是設定程序的傳回值。

例如建立一個「**兩數相加**」程序,傳入的參數是兩個數值,功能是計算兩個參數的總和,再將總和傳回。

運算式置於此

呼叫有傳回值的程序

呼叫有傳回值程序的方法與呼叫無傳回值程序的方法完全相同,差別只在呼叫有傳回值程序的方法時,要有一個變數來接收程序的傳回值。例如在 **按鈕 1** 的 **被點選** 事件中呼叫前述建立的「**兩數相加**」程序,傳入的參數為 34 及 12,使用變數 **結果** 來接收傳回值,最後在 **標籤 1** 標籤上顯示傳回值:

接收傳回值的變數

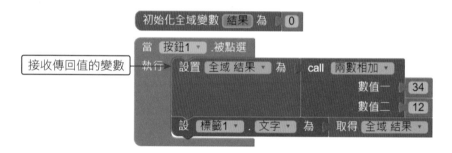

如果在程式其他地方並未使用接收傳回值的變數,也可以省略接收的變數,直接使用傳回值,例如上面例子可簡化為:

直接輸出傳回值

執行結果為:

傳回值

5.1.3 區域變數

意義

區域變數是只能在宣告變數的區塊中使用的變數。

宣告

區域變數的宣告方法是在 **內置塊** 項目點選 **變量**，再點選 **初始化區域變數** 拼塊；宣告區域變數的拼塊有兩個，兩者的功能相同，只是拼塊接合口不同：一個是凸口，一個是凹口，可視程式需要選擇使用。預設的變數名稱為「變數名」，以滑鼠左鍵按拼塊上 **變數名** 文字，使其呈現反白，即可輸入新的變數名稱。

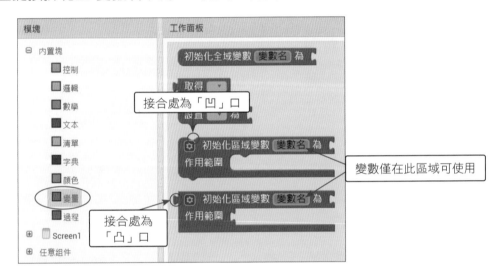

但在多數的程序中，必須在程序中宣告變數，利用變數作運算，最後再將運算結果傳回。最好的做法是在程序中以 **內置塊 / 變量 / 初始化區域變數 變數名 為** 先宣告一個區域變數，利用區域變數作運算，並從 **內置塊 / 控制** 中，加入 **執行 回傳結果** 拼塊傳回運算結果。如下：

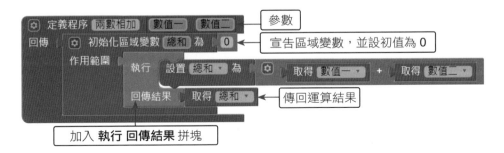

在程序中宣告的區域變數，它的使用範圍僅在該程序中，程序外部並無法使用此區域變數，有時候為了程式簡便，可以使用全域變數代替，但這並不是程序中使用變數最好的方式。

擴充區域變數

宣告區域變數拼塊預設只有一個區域變數，在擴充項目圖示上按一下滑鼠左鍵，拖曳下方 **參數** 拼塊到 **區域變數名稱** 區塊下方，就可新增一個區域變數。反覆拖曳 **參數** 拼塊到 **區域變數名稱** 區塊中，即可不斷新增區域變數。

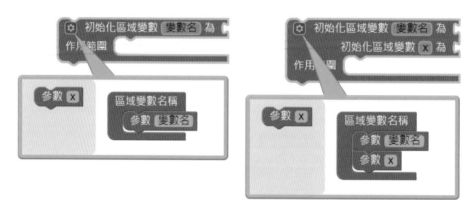

若要移除區域變數，操作方式為：在擴充項目圖示上按一下滑鼠左鍵，拖曳下方 **區域變數名稱** 區塊中要移除的區域變數拼塊到左方灰色區域中，該區域變數就會被移除。例如：移除 score 區域變數。

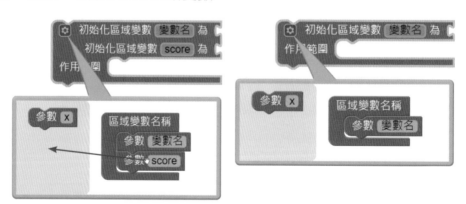

▼範例：華氏溫度轉換為攝氏溫度

請設計一個轉換程式，讓使用者輸入華氏溫度後按 **求攝氏溫度** 鈕，將華氏溫度轉換為攝氏溫度。<ex_Temperature.aia>

 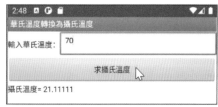

» 介面配置

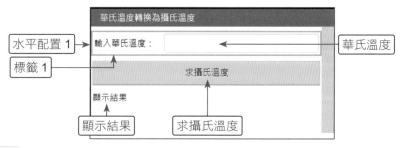

水平配置 1

標籤 1

顯示結果

求攝氏溫度

華氏溫度

» 程式拼塊

1. 自訂程序 **華氏轉攝氏** 求攝氏溫度。

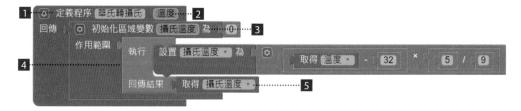

1 自訂程序 **華氏轉攝氏**。

2 接收參數,即輸入的華氏溫度。

3 建立區域變數 **攝氏溫度**,用以傳回自訂程序的結果。

4 加入 **執行 回傳結果** 拼塊,再以 **設置 攝氏溫度 為** 拼塊求攝氏溫度。計算攝氏溫度的公式為 **攝氏溫度 =(溫度 -32)*5/9**。

5 以 **回傳結果** 拼塊傳回 **攝氏溫度**。

2. 按下 **求攝氏溫度** 鈕,呼叫自訂程序 **華氏轉攝氏** 將華氏溫度轉換為攝氏溫度。

5.2 內建程序

App Inventor 其實已經將許多好用的功能建立成內建程序,設計者可以直接使用,輕易設計出各種符合需求的應用程式。

5.2.1 亂數程序

日常生活中有許多場合需要使用隨機產生的數值,例如各種彩券的中獎號碼、擲骰子得到的點數等。App Inventor 提供了三個內建亂數程序,它位於 **內置塊 / 數學** 程式拼塊中。

名稱	功能	範例拼塊
隨機小數	傳回一個介於 0 與 1 之間的隨機小數。	隨機小數
隨機整數	傳回一個介於兩個指定數值之間的隨機整數,包含上限及下限。	從 1 到 100 之間的隨機整數
設定隨機數種子	設定亂數種子,相同的亂數種子可得到相同的亂數序列。	設定隨機數種子 為

1. **隨機小數** 拼塊會傳回一個介於 0 與 1 之間的隨機小數,例如下圖使用迴圈產生五個隨機小數:每次按鈕所產生的亂數皆不相同。

2. **隨機整數** 拼塊是最常使用的亂數程序,此拼塊必須指定兩個整數,程序會傳回介於兩整數之間的隨機整數,兩數的大小順序可以任意放置。例如下圖可產生五個二位數整數 (包含 10 及 100):

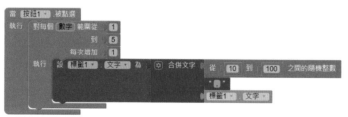
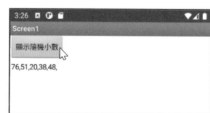

▼ 範例：撲克牌發牌

按下 **發牌** 按鈕，可以從 4 張撲克牌中隨機選取一張，並顯示在 **圖像 1** 中。
<ex_Poker.aia>

» 介面配置

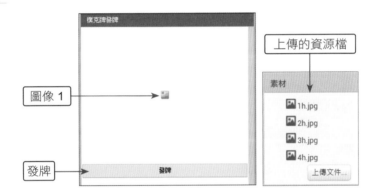

» 程式拼塊

建立 **發牌** 鈕，從 4 張撲克牌中隨機選取一張撲克牌。

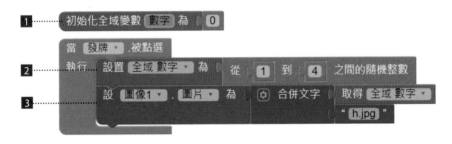

1 建立變數 **數字**，儲存產生的亂數。

2 產生 1 到 4 間的亂數。

3 將產生的亂數，組合成「**數字 h.jpg**」，例如：數字 = 2 可得到「2h.jpg」，再設定為 **圖像 1** 的 **圖片** 顯示。

5.2.2 數值程序

App Inventor 於 **內置塊 / 數學** 程式拼塊中提供許多關於數學運算的內建程序。

常用數值程序

名稱	功能	範例拼塊	結果
絕對值	傳回絕對值。	絕對值 ▼ -192	192
最大值	傳回參數中的最大值。	⚙ 最大值 ▼ 10 / 20	20
最小值	傳回參數中的最小值。	⚙ 最小值 ▼ 10 / 20	10
進位後取整數	傳回參數無條件進位到整數的值。	無條件進位後取整數 ▼ 15.261	16
捨去後取整數	傳回無條件捨去到整數的值。	無條件捨去後取整數 ▼ 15.261	15
相反數	傳回正負值相反的數值。	相反數 30	-30
商數	傳回第一個數除以第二個數的商,只取整數。	商數 ▼ 30 除以 7	4
餘數	傳回第一個數除以第二個數的餘數。	餘數 30 除以 7	2
四捨五入	傳回四捨五入後到整數位的結果。	四捨五入 ▼ 15.321	15
平方根	傳回參數的平方根值。	平方根 64	8.0
是否為數字?	傳回參數是否為數值。	是否為數字? ▼ " ▊ "	假
將數字 設為小數形式,位數	傳回數字以 **位數** 設定轉換為小數的結果。	將數字 5.1 設為小數形式,位數 3	5.100

▊ **範例:計算公因數**

輸入兩個大於 1 的整數後按 **顯示公因數** 鈕會列出兩數的所有公因數。<ex_ commonFactor.aia>

» 介面配置

數值 1、**數值 2** 只允許輸入數字,請將 **僅限數字** 屬性設為核選。

» 程式拼塊

1. 宣告變數 **最小數值** 儲存兩個輸入數值中較小的數值,因為在尋找公因數的過程中可用較小數的因數為基準,減少迴圈執行的次數。因數的判斷方式為輸入數值除以 2 以上的數,如果餘數為 0(整除)就表示該數是輸入數值的因數。

> 初始化全域變數 **最小數值** 為 **0**

2. 按下 **顯示公因數** 鈕,求兩數的公因數並顯示之。

```
1  當 顯示公因數 .被點選
2  執行    設 顯示結果 . 文字 為 1
3        設置 全域 最小數值 為    ⊙ 最小值   數值1 . 文字
                                        數值2 . 文字
4        對每個 數值 範圍從 2
                 到  取得 全域 最小數值
               每次增加 1
        執行 ⊙ 如果  ⊙ 與   餘數  數值1 . 文字  除以 取得 數值  = 0
5                          餘數  數值2 . 文字  除以 取得 數值  = 0
6            則  設 顯示結果 . 文字 為  ⊙ 合併文字  顯示結果 . 文字
                                              " , "
                                          取得 數值
```

1 使用者按 **顯示公因數** 鈕執行的程式拼塊。

2 公因數一定有「1」。

3 使用 **最小值** 內建程序取出兩個輸入數值中小的數值並儲存於 **最小數值** 變數中。

4 由 2 到較小輸入值逐一檢查是否為公因數。

5 如果兩個數都可以整除就是公因數。

6 顯示公因數。

5.2.3 字串程序

字串是程式設計時使用最多的資料型態，App Inventor 有很多內建程序用來處理字串，包括大小寫轉換、搜尋字串、取代字串等。

常用字串程序

名稱	功能	範例拼塊	結果
檢查文字	在 **檢查文字** 中的文字是否包含指定的字串。	檢查文字 "AplePie" 是否包含子串 片段 "Pie"	真
小寫	將字串轉為小寫字母。	小寫 "ApplePie"	applepie
大寫	將字串轉為大寫字母。	大寫 "ApplePie"	APPLEPIE
是否為空	傳回指定字串是否為空字串。	是否為空 " "	假
求文字長度	傳回指定字串的字元個數。	求文字長度 "ApplePie"	8
將文字中的所有片段全部取代為	將 **將文字** 中所有包含 **中的所有** 的字串全部以 **片段全部取代為** 中的字串取代。	將文字 "one,two,three" 中的所有 "," 片段全部取代為 ";"	one;two;three
從文字提取字串	自 **從文字** 字串的 **的第** 字元開始擷取 **位置提取長度為** 的字元。	從文字 "ApplePie" 的第 6 位置提取長度為 3 的片段	Pie
分解	將 **文字** 中的字串以 **分隔符號** 字串做為分解點分解為子字串。	分解 文字 "one,two,three" 分隔符號 ","	(one two three)
任意分解	將 **文字** 中的字串在 **分隔符號** 清單中任何一個元素值處，分割為子字串。	任意分解 文字 "one,two,three" 分隔符號(清單) 取得 全域 list	(one two three)
用空格分解	將指定字串以空白字元做為分割點分割為子字串。	用空格分解 "one two three"	(one two three)
求字串在文字中的起始位置	傳回 **取得片段** 字串在 **在文字** 字串中的起始位置。	取得片段 "Pie" 在文字 "ApplePie" 中的起始位置	6
刪除空格	移除指定字串頭尾的空白字元。	刪除空格 "ApplePie"	ApplePie
字串比較 =	傳回第一個字串和第二個字串是否相等。	文字比較 "ABC" = "abc"	假

名稱	功能	範例拼塊	結果
字串比較 >	傳回第一個字串是否大於第二個字串。	文字比較 " ABC " > " abc "	假
字串比較 <	傳回第一個字串是否小於第二個字串。	文字比較 " ABC " < " abc "	真

求字串在文字中的起始位置及檢查文字程序

求字串在文字中的起始位置 程序可搜尋子字串在原字串中的位置，如果未搜尋到子字串則傳回「0」。**求字串在文字中的起始位置** 程序傳回「0」與 **檢查文字** 程序傳回「假」的意義相同，都是未搜尋到子字串。

字串中字元位置

App Inventor 字元在字串中的位置是由 1 開始計數，例如字串 applepie 中「i」的位置為 7。

分解、用空格分解及任意分解程序

App Inventor 提供相當多字串分割程序，所有分割程序的傳回值都是清單，每一個分割後的子字串是清單中一個元素。

分解、**用空格分解** 及 **任意分解** 三個程序的分割結果可為多個元素的清單，都是以任何出現分割字串處將原字串分為子字串，差別在於 **用空格分解** 的分割字串是空白字元，而 **分解** 是以參數做為分割字元，**任意分解** 的參數是清單，任何一個清單中的元素都可做為分割字串。

▶ 範例：字串倒印

輸入任意字串，按 **字串倒印** 鈕，將輸入字串倒印。<ex_Reverse.aia>

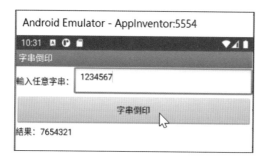

» **介面配置**

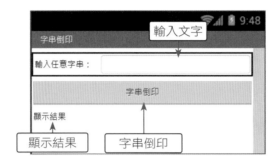

» **程式拼塊**

1. 建立全域變數和自訂程序。

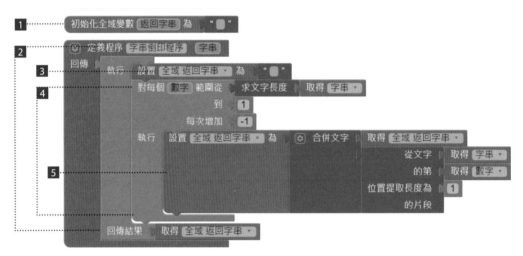

■ 建立全域變數 **返回字串** 儲存傳回結果 (本例故意示範以全域變數傳回結果)。

② 自訂的程序 **字串倒印程序**，接收參數 **字串**，在程序中加入 **執行 回傳結果** 拼塊，並傳回 **返回字串** 返回值。

③ 開始時將 **返回字串** 字串變數清除。

④ **求文字長度 (取得字串)** 取得字串的總長度，依序從字串的最後一個字元反向逐一讀取，直到第一個字元為止。

⑤ 每次讀取一個字元，將讀取的字元合併到 **返回字串** 變數中。

2. 按下 **字串倒印** 鈕，以自訂的程序 **字串倒印程序** 將輸入的字串倒印。

5.3 背包

「App Inventor 中的拼塊能不能複製，然後貼到另外一個專案中呢？」，你可以使用這個令人驚豔的功能：「背包」，讓我們可以在不同專案之間複製拼塊！

只要將拼塊放入背包內，就可以在目前專案的不同螢幕中由背包取出使用，也可以在另一個專案中，由背包直接取出使用，如此就可以複製拼塊。這對於較複雜拼塊，或是功能類似的拼塊，就不用再重拉拼塊，或是複製拼塊後只需要做小幅度的修改，如此就可以節省許多的時間。

當我們進入 App Inventor 的畫面編排後，按 **程式設計** 鈕，在工作面版的右上方即可看到一個背包！

只要將要複製的程式拼塊拖曳到背包，當背包張開時放開滑鼠，就可以將指定的程式拼塊複製到背包中，複製完成後背包的圖示會自動張開。

點選背包會顯示背包中的程式拼塊，拖曳背包中指定的程式拼塊到工作面板，即可以將該拼塊複製到工作面板中。

將滑鼠在空白處按右鍵，在下拉式功能表中可以看到有 2 個常用功能：

1. **拿出背包中所有程式方塊 (1)**：將背包中所有拼塊貼到目前的專案中，**(n)** 表示目前背包內共有幾組拼塊。

2. **複製所有程式方塊到背包**：將工作面板中所有拼塊複製到背包中。

將滑鼠在背包上按右鍵，在下拉式功能表中可以看到有 1 個常用功能：

清空背包：**清空背包** 可清空背包中的所有拼塊。

例如在兩數相加的 <ex_AddNum.aia> 專案中選按 **清空背包** 先清空背包中的所有拼塊，然後滑鼠在空白處按右鍵 **複製所有程式方塊到背包**，將工作面板中所有拼塊複製到背包中。複製後點選背包，就可以看到背包中複製的拼塊。

在另一個專案中，只要從背包中將指定的拼塊拖到工作面板中，或使用 **拿出背包中所有程式方塊 (2)** 將背包中所有拼塊貼到目前專案的工作面板中。例如現在開啟另一個求兩數相乘的 <ex_MultiNum.aia> 專案，使用 **拿出背包中所有程式方塊 (2)** 將背包中所有拼塊貼到目前專案的工作面板中。最後將複製後的拼塊修改為兩數兩乘，即可完成此專案。

5.4 綜合練習：成語克漏字 App

使用者按下 **隨機選題** 鈕後，程式會自動由題庫中挑一個成語，拆成 4 個字後分別放入下面的按鈕之中，並且隨機挑一個字用「○」取代。使用者可以再點選這個「○」字的按鈕即會顯示該字的答案。<ex_Wordgame.aia>

» 介面配置

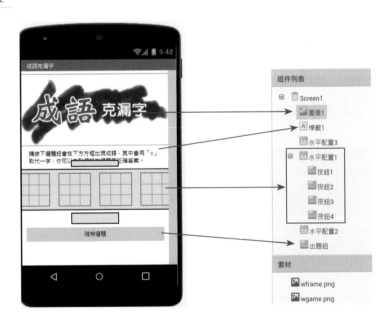

請在 **素材** 區上傳範例資料夾中 <media> 裡的 <wgame.png> 與 <wframe.png>。接著請在 **工作面板** 區加入相關的組件，重點如下：

1. **Screen1**：**水平對齊** 設「居中」，**垂直對齊** 設「居上」，**螢幕方向** 設「鎖定直式畫面」，**視窗大小** 設「自動調整」。

2. **圖像 1**：圖片 設「wgame.png」，**寬度** 為「填滿」，核取 **放大 / 縮小圖片來適應尺寸**。

3. **標籤 1**：設定顯示 App 操作說明文字的標籤，**寬度** 為「90 比例」，**文字** 為「請按下選題鈕會在下方方框出現成語，其中會用「〇」取代一字，你可以在點選該方框顯示正確答案。」。

3. **按鈕 1~ 按鈕 4**：按鈕，**字體大小** 為「50」，**寬度** 為「80 像素」，**高度** 為「80 像素」，**圖像** 為「wframe.png」。

4. **出題鈕**：按鈕，**寬度** 為「300 像素」，**文字** 為「隨機選題」。

» 程式拼塊

1. 變數 **題庫** 儲存要出題的成語題目，原則是 4 個字一個題目，使用者可以依此原則加入題目。變數 **起始字數** 儲存由題庫字串中隨機挑選成語的起始字數。變數 **選擇成語** 儲存由題庫字串中隨機挑選成語。變數 **漏字序號** 儲存由挑選好的成語要以「〇」取代的字數。

2. 按下出題鈕後由題庫中隨機挑出一句成語，並設定要以「〇」取代的字數。

1 用目前 **題庫** 的總字數除以 4 即可得知共有幾句成語，隨機取其中一句成語的起始字數。

2 在 **題庫** 的字串中由 **起始字數** + 1 開始取 4 個字儲存到 **選擇成語** 中。

3 再隨機在成語的 4 個字中挑一個 **漏字序號**，準備要以「〇」取代。

4 按鈕 1~ 按鈕 4 分別判斷 **漏字序號** 是否等於目前的按鈕編號，如果是則顯示「○」，否則就顯示該按鈕編號所代表的成語文字。

3. 當按下按鈕 1~ 按鈕 4 時，如果文字是「○」，則就顯示該按鈕編號所代表的成語文字。

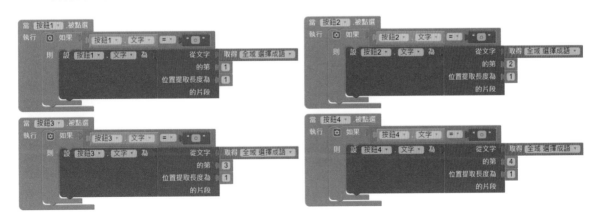

實作題

1. 輸入攝氏溫度後按 **求華氏溫度** 鈕，定義自訂程序，將攝氏溫度轉換為華氏溫度。<Ch05_ex1.aia>

   提示：F=C*9/5 + 32

2. 輸入直角三角形的底和高，按下 **求斜邊長** 鈕，利用畢氏定理求直角三角形斜邊長。<Ch05_ex2.aia>

   提示：斜邊^2= 底^2 + 高^2　　運算式：斜邊 $= \sqrt{底^2 + 高^2}$

   程式拼塊：

06

多媒體

- 照相機組件主要功能是啟動行動裝置的照相機來照相。圖像選擇器組件功能會自動開啟行動裝置的相簿，讓使用者可以從相簿中選取一張相片。

- 音效組件可以播放聲音檔，其主要功能是播放較短的音效檔。音樂播放器組件也是用來播放聲音檔，與音效組件不同處，在於其主要是播放較長的音樂檔案。錄音機組件是用來錄製聲音檔。

- 錄影機組件是用來錄製影片檔。影片播放器組件是用來播放影片檔，支援的影片格式有 .wmv、.3gp 及 mp4。

6.1 照相相關組件

多媒體功能很受歡迎,許多設計者選擇使用 App Inventor 來開發行動裝置應用程式,就是看上其簡單易用的多媒體組件。在其他行動裝置應用程式開發環境中,要操作多媒體裝置可能需數百列程式碼,而 App Inventor 只要將多媒體組件拖曳到工作面板區中就可開始使用,非常方便。

6.1.1 Screen 組件

Screen 組件是整個應用程式的基礎,建立 App Inventor 專案時,預設建立的組件名稱為 Screen1,這個名稱無法修改,Screen1 組件也無法刪除。

常用屬性

屬性	說明
應用說明	說明應用程式的用途、功能、使用方法等。
水平對齊	設定水平方向的對齊方式:居左、居右、居中。
垂直對齊	設定垂直方向的對齊方式:居上、居下、居中。
App 名稱	設定應用程式名稱。
背景顏色	設定背景顏色。
背景圖片	設定背景圖形。
關閉螢幕動畫	關閉 Screen 時播放的動畫,其值有:預設效果、淡出效果、縮放效果、水平滑動、垂直滑動、無動畫效果。
圖示	設定應用程式圖示。
開啟螢幕動畫	開啟 Screen 時播放的動畫,其值有:預設效果、淡出效果、縮放效果、水平滑動、垂直滑動、無動畫效果。
螢幕方向	設定螢幕方向,其值有:未指定方向、鎖定直式畫面、鎖定橫向畫面、根據感測器、使用者設定。
允許捲動	若核取此選項,螢幕會顯示垂直捲軸,使用者可以上下捲動。
以 JSON 格式顯示清單	設定是否以 JSON 格式顯示清單內容。
狀態欄顯示	設定是否顯示狀態欄。
視窗大小	設定組件設計頁面是否根據行動裝置解析度而異。

屬性	說明
Theme	設定螢幕主題型式，其值有：Classic、裝置預設值、Black Title Text、Dark。
標題	設定應用程式標題。
標題顯示	設定是否顯示標題列。

深入解析

1. **App 名稱** 屬性設定應用程式名稱，可以使用中文。此名稱非常重要，若將應用程式發布在 Play 商店時，使用者會根據此名稱搜尋到應用程式。**圖示** 屬性設定應用程式圖示。

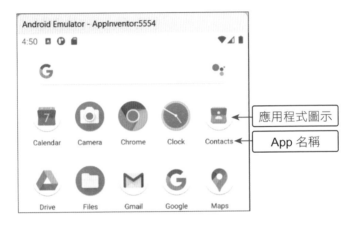

2. 若取消核選 **狀態欄顯示** 屬性就不會顯示狀態欄，若取消核選 **標題展示** 屬性就不會顯示標題列，

▲ 狀態列及標題列皆顯示　　▲ 狀態欄不顯示　　▲ 標題列不顯示

3. 在程式設計模式中，Screen 組件常用的事件為 **初始化** 事件，此事件會在啟動 Screen 組件時觸發，通常用來做應用程式的初始化，例如變數初始值設定。

6.1.2 照相機組件

功能說明

照相機 組件主要功能是啟動行動裝置的照相機來照相。**照相機** 組件位於 **多媒體** 類別，屬於非可視組件，並不會在行動裝置上顯示，需以程式配合按鈕來啟動照相功能。

方法與事件

照相機 組件沒有任何屬性，只有一個方法及一個事件：

方法和事件	說明
拍照 方法	啟動照相裝置。
拍攝完成 事件	當照相完成後會觸發此事件。

照相機照相完成後會觸發 **拍攝完成** 事件，該事件會傳回相片在行動裝置的儲存路徑，此路徑以 **圖像位址** 參數傳回：

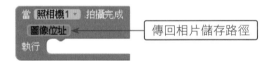

設計者可利用相片路徑取得相片，例如以 **圖像** 組件顯示相片：

當 照相機1 .拍攝完成
圖像位址
執行 設 圖像1 . 圖片 為 取得 圖像位址

6.1.3 圖像選擇器組件

功能說明

圖像選擇器 組件位於 **多媒體** 類別中，拖曳到工作面板時外型跟按鈕一樣。按下 **圖像選擇器** 組件所生成的按鈕時會自動開啟行動裝置的相簿，讓使用者可以從相簿中選取一張相片。

屬性設定

屬性	說明
啟用	設定組件是否可用,即組件是否可按。
粗體	設定文字是否顯示粗體。
斜體	設定文字是否顯示斜體。
字體大小	設定文字大小,預設值為「14」。
字形	設定文字字形。
圖像	設定顯示圖片按鈕。
形狀	設定組件的形狀。
顯示互動效果	設定按下組件時,組件是否會閃動。
文字	設定組件文字。
文字對齊	設定文字對齊方式。
文字顏色	設定文字顏色。
可見性	設定是否在螢幕中顯示組件。

常用方法與事件

方法和事件	說明
開啟選擇器 方法	啟動相簿選取相片功能。
選擇完成 事件	當完成相片選取後會觸發此事件。
準備選擇 事件	當選擇相片前會觸發此事件。

深入解析

1. **圖像選擇器** 組件的外觀與 **按鈕** 組件相同。

2. 使用者選取相片後會觸發 **選擇完成** 事件,並且傳回使用者選取的相片路徑,儲存於 **選中項** 屬性中,設計者可根據取得的相片路徑在本事件做後續處理。

3. 要啟動 **圖像選擇器** 組件的方式有兩種:第一種直接點選 **圖像選擇器** 組件,系統就會開啟行動裝置的相簿讓使用者選取;第二種在程式拼塊中以 **開啟選擇器** 方法啟動 **圖像選擇器** 組件。

6.1.4 整合範例：照相及選取相片

▌範例：照相機

程式執行後螢幕上方顯示預設圖片。按 **相機拍照** 鈕後會開啟行動裝置的相機鏡頭，拍照後會將相片顯示於上方圖片處。按 **相簿選圖** 鈕會開啟行動裝置的相簿資料夾來展示，使用者點選後，該相片會顯示於上方。按 **程式開啟相簿** 鈕的效果與按 **相簿選圖** 鈕完全相同。 <ex_Camera.aia>

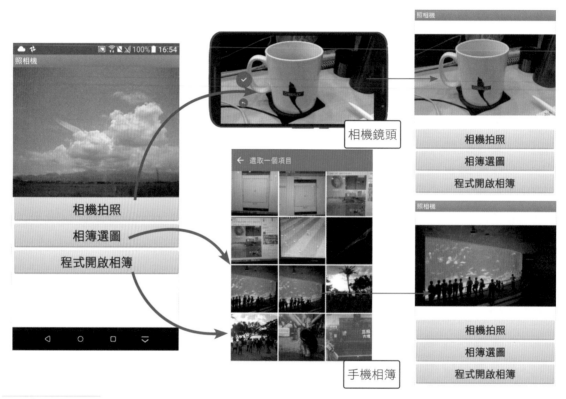

» 介面配置

圖像 1 是 **圖像** 組件，用來顯示相片。為了讓頁面較為美觀，本範例預先上傳一張圖片 <img01.jpg> 做為 **圖像 1** 組件的預設圖片，即設定 **圖像 1** 組件的 **圖片** 屬性值為「img01.jpg」。

本範例中 **相簿選圖** 鈕是 **圖像選擇器** 組件，可以開啟相簿供使用者選取，它的外觀與按鈕完全相同；**程式開啟相簿** 鈕是 **按鈕** 組件，用於以程式拼塊開啟 **圖像選擇器** 組件。

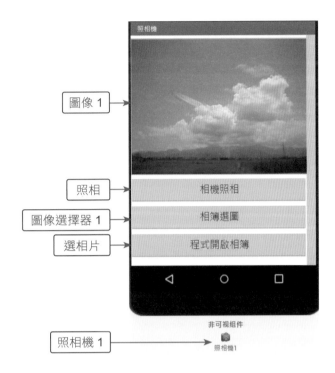

» 程式拼塊

1 使用者按 **照相** 鈕後會開啟行動裝置的照相機。

2 使用者照相後將相片顯示於 **圖像 1** 組件中。

3 使用者按 **圖像選擇器 1** 鈕並選取相片後觸發本事件,將相片顯示於 **圖像 1** 組件。

4 使用者按 **選相片** 鈕後以程式呼叫 **圖像選擇器 1** 開啟相簿讓使用者選取,選取後會回頭執行
步驟 **3**,將相片顯示於 **圖像 1** 組件。

學 習 小 叮 嚀

照相機組件的測試必須使用實機執行

照相機 組件會使用到行動裝置的相機鏡頭,在測試時不能使用模擬器,必須使用實機。

6.2 聲音相關組件

要設計生動活潑的應用程式，聲音是不可或缺的主要關鍵。App Inventor 具有兩個播放聲音的組件及一個錄音的組件。

6.2.1 音效組件

功能說明

音效 組件可以播放聲音檔，其主要功能是播放較短的音效檔，例如遊戲中常用的碰撞聲等。**音效** 組件的另一功能是讓手機產生振動，並且可以設定振動時間。**音效** 組件位於 **多媒體** 類別，屬於非可視組件。

屬性及方法

音效 組件只有兩個屬性：

屬性	說明
最小間隔	播放音效最小長度，在設定時間內，音效無法重複播放。
來源	設定播放的聲音檔。

音效 組件使用下列方法播放聲音及產生振動：

方法	說明
暫停	暫時停止播放音效。
播放	開始播放音效。
回復	繼續播放音效。
停止	停止播放音效。
震動	設定手機產生振動，時間單位為毫秒 (ms)。

深入解析

1. 為了防止 **音效** 組件播放音效時被意外中止，可以設定 **最小間隔** 屬性，控制音效在 **最小間隔** 時間內無法重複播放。

2. 在播放音效方面，**音效** 組件具備完整播放功能：從頭播放、暫停播放、繼續播放及停止播放。請注意 **播放** 及 **回復** 方法的差異：**播放** 方法是從頭播放音效，**回復** 方法是由暫停處繼續播放音效。

3. **震動** 方法可以讓手機產生振動，振動時間由參數傳入，時間單位為毫秒，例如下面程式拼塊可讓手機振動 0.2 秒：

▶ 範例：小鋼琴家

音效 組件除了適合做為遊戲的簡短特殊音效外，用來播放樂器的聲音效果也非常好，現在就製作一個簡易的鋼琴演奏器。在這個範例中的小鋼琴，按 **Do** 到 **Si** 的鋼琴鍵就會發出對應的音階聲音，可以彈奏簡單樂曲。<ex_Piano.aia>

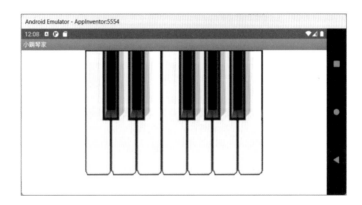

» 介面配置

本範例是以 **按鈕 1** 到 **按鈕 7** 七個按鈕分別彈奏 Do 到 Si 七個音階，按鈕以圖形介面顯示。圖形有三個：<key1.png> 到 <key3.png>，依照實體鋼琴的按鍵組成鋼琴鍵盤圖形。**按鈕 1** 到 **按鈕 7** 的 **寬度** 屬性值皆為「50」，**高度** 屬性值皆為「240」。

為了強制讓螢幕橫放來展示畫面，必須設定 Screen1 組件的 **螢幕方向** 屬性值為 **鎖定橫向畫面**。

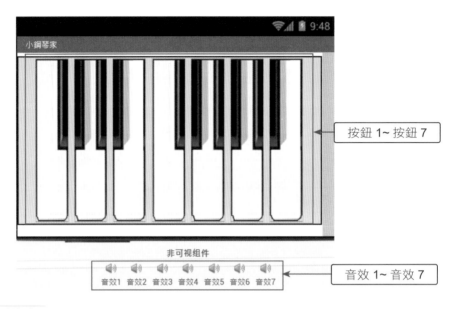

» 程式拼塊

1. 程式開始時設定 **音效 1** 到 **音效 7** 組件的聲音來源為 Do 到 Si 聲音檔。

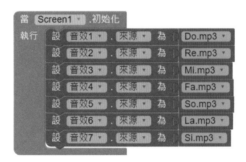

2. 按 **按鈕 1** 到 **按鈕 7** 按鈕時分別播放 **音效 1** 到 **音效 7** 組件的聲音。

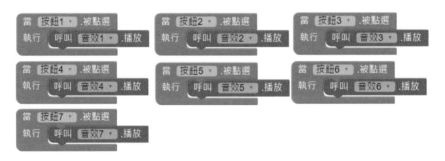

資訊補給站

本專題設定螢幕為橫向，在模擬器執行時可按右方 ◇ 切換為模擬器橫向顯示。

6.2.2 音樂播放器組件

功能說明

音樂播放器 組件也是用來播放聲音檔,與 **音效** 組件不同處,在於其主要是播放較長的音樂檔案,例如遊戲中常用的背景音樂等。**音樂播放器** 組件也可讓手機產生振動,並且可以設定振動時間。**音樂播放器** 組件位於 **多媒體** 類別,屬於非可視組件。

屬性、方法及事件

音樂播放器 組件的屬性有:

屬性	說明
循環播放	設定是否循環播放。
只能在前景運行	設定是否可以在後台播放。
來源	設定播放的聲音檔。
音量	設定播放音量大小,最小值由 0~100,預設為 50。

音樂播放器 組件常用方法和事件有:

方法與事件	說明
暫停 方法	暫停播放聲音。
開始 方法	開始或繼續播放聲音。
停止 方法	停止播放聲音。
震動 方法	設定手機產生振動,時間單位為毫秒 (ms)。
已完成 事件	當聲音檔播放結束會觸發此事件。
其他玩家開始遊戲 事件	當其他音樂播放器開始播放音樂時觸發此事件。

深入解析

1. **音樂播放器** 組件適合播放時間較長的音樂檔,與 **音效** 組件相較,**音樂播放器** 組件多了 **循環播放** 屬性,此功能在遊戲播放背景音樂時特別有用,無論背景音樂的長短如何,設定 **循環播放** 屬性後就可使遊戲期間背景音樂永不停止。**音樂播放器** 組件另外還多了 **音量** 屬性來控制播放音量的大小。

2. 在播放聲音檔方面，**音樂播放器** 組件較 **音效** 組件少了一項播放功能：**從頭播放**，如果要從頭播放聲音檔，可以先使用 **停止** 方法，再用 **開始** 方法播放即可：

3. **音樂播放器** 組件較 **音效** 組件多了 **已完成** 事件：因為 **音樂播放器** 組件通常用來播放較長的樂曲，如果有事項需在播放完樂曲後處理，即可將這些事項置於 **已完成** 事件中，例如一般音樂播放應用程式在播完一首樂曲後，會自動播放下一首，就可將播放下一首的程式拼塊置於 **已完成** 事件內。

◤ 範例：樂曲播放器

程式執行預設的歌曲名稱為「greensleeves」，核取 **重複播放** 項目後，播放歌曲時會循環播放，再按一次該項目可取消核選。按 **播放** 鈕會開始播放歌曲，同時 **播放** 鈕變為無作用，而 **暫停** 及 **停止** 鈕變為有作用。按 **暫停** 鈕可暫時停止播放歌曲，同時按鈕文字變為 **繼續**，三個按鈕都變為有作用。

此時按 **播放** 鈕會從頭播放歌曲，按 **繼續** 鈕就由暫停處繼續播放，按 **停止** 鈕會停止播放歌曲，並只剩 **播放** 鈕有作用，就是只能從頭播放。點按下方四首歌曲名稱會立即播放該歌曲，並將歌曲名稱顯示於下方。<ex_Player.aia>

»介面配置

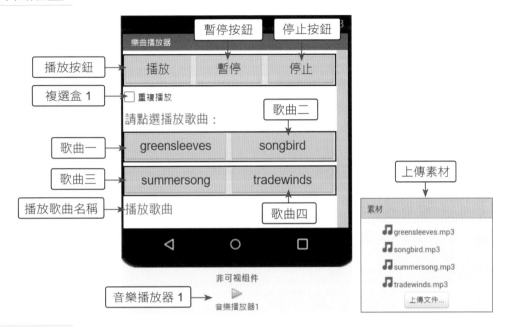

»程式拼塊

1. 控制三個播放按鈕的動作會不斷使用，故寫成程序。

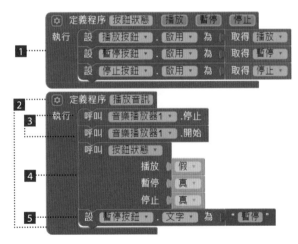

1 **按鈕狀態** 程序設定三個播放控制按鈕是否有作用：若參數 **播放** 為「真」，表示 **播放** 鈕有作用，「假」表示無作用。同理，參數 **暫停** 設定 **暫停** 鈕有無作用，參數 **停止** 設定 **停止** 鈕有無作用。

2 **播放音訊** 程序的功能是從頭開始播放音樂檔。

3 **音樂播放器** 組件需先用 **停止** 方法，再用 **開始** 方法才能從頭開始播放音樂。

4 設定 **播放** 鈕為無作用，而 **暫停** 及 **停止** 鈕為有作用。

5 **暫停** 鈕是 **暫停** 及 **繼續** 共用按鈕。設定 **暫停** 鈕的文字為「暫停」。

2. 程式開始時設定 **播放** 鈕為有作用，而 **暫停** 及 **停止** 鈕為無作用，播放的歌曲
   是 greensleeves，並顯示歌曲名稱。

3. 如果核選 **重複播放** 項目就設定 **音樂播放器 1** 組件的 **循環播放** 屬性值為
   「真」，若未核選 **循環播放** 項目就設定 **音樂播放器 1** 組件的 **循環播放** 屬性
   值為「假」。

4. 按 **播放** 鈕會開始播放歌曲。

5. 按 **停止** 鈕就停止播放歌曲，設定 **播放** 鈕為有作用，而 **暫停** 及 **停止** 鈕為無
   作用，並設定 **暫停** 按鈕的文字為「暫停」。

6. 按 **暫停** 或 **繼續** 鈕執行的程式拼塊。

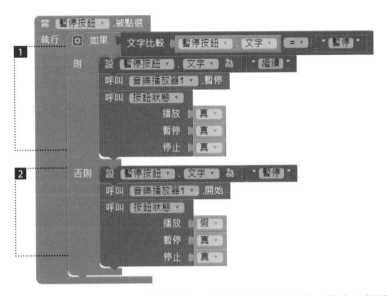

1 如果按 **暫停** 鈕,就將按鈕文字改為「繼續」,暫時停止播放歌曲,設定三個播放鈕皆有作用。

2 如果按 **繼續** 鈕,就將按鈕文字改為「暫停」,繼續播放歌曲,設定 **播放** 鈕為無作用,而 **暫停** 及 **停止** 鈕為有作用。

7. 按四首歌曲名稱執行的程式雷同,只是歌曲名稱不同而已,此處僅列出第一首歌曲的程式拼塊。首先設定播放的歌曲檔案名稱,開始播放歌曲,並顯示歌曲名稱。

8. 歌曲播放完畢觸發 **已完成** 事件:設定 **播放** 鈕為有作用,而 **暫停** 及 **停止** 鈕為無作用。

6.2.3 錄音機組件

功能說明

錄音機 組件是用來錄製聲音檔,其啟動錄音功能時,並不會顯示任何錄音介面,必須由設計者自行安排錄音顯示訊息介面。**錄音機** 組件位於 **多媒體** 類別,屬於非可視組件。

方法及事件

錄音機 組件常用的屬性、方法及事件有:

方法與事件	說明
儲存記錄 屬性	設定錄音檔案路徑。
開始 方法	開始錄製聲音。
停止 方法	停止錄製聲音。
錄製完成 事件	錄製聲音並完成存檔後觸發此事件,此事件會傳回聲音檔路徑。
開始錄製 事件	開始錄製聲音會觸發此事件。
停止錄製 事件	結束錄製聲音會觸發此事件。

學習小叮嚀

錄音機組件的測試建議使用實機執行

錄音機 組件會使用到行動裝置的收音設備,在測試時建議使用實機。

▶範例:錄音機

程式開始執行時只有 **開始錄音** 鈕有作用,按 **開始錄音** 鈕會開始錄製聲音檔,同時 **開始錄音** 鈕變為無作用,而 **停止錄音** 鈕變為有作用,目前狀態改為「正在錄音」。按 **停止錄音** 鈕可結束錄音,同時 **開始錄音** 及 **播放錄音** 變為有作用,目前狀態改為「無作用」。

按 **播放錄音** 鈕可播放錄音檔,同時三個按鈕都變為無作用,目前狀態改為「正在播放錄音」。播放完畢後,**開始錄音** 鈕會變為有作用,可以重新錄音。

<ex_Record.aia>

» 介面配置

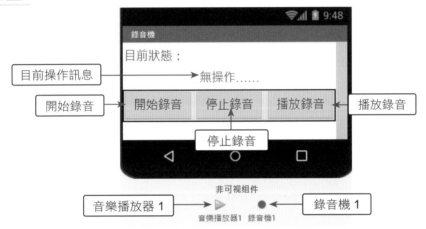

» 程式拼塊

1. **按鈕狀態** 程序設定三個按鈕是否有作用:若參數值為「真」,表示按鈕有作用,「假」表示無作用。

2. 程式開始時只有 **開始錄音** 鈕有作用。

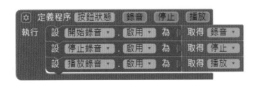 

3. 按 **開始錄音** 鈕後就開始錄音,同時設定 **停止錄音** 鈕有作用、更改目前狀態為「正在錄音……」。

4. 按 **停止錄音** 鈕後就結束錄音,同時設定 **開始錄音**、**播放錄音** 按鈕有作用、更改目前狀態為「無作用……」。

5. 錄音完成會觸發 **錄製完成** 事件並傳回錄音檔路徑，設定錄音檔的路徑做為 **音樂播放器 1** 組件的播放聲音來源。

6. 按 **開始播放** 鈕就設定三個按鈕都無作用，開始播放錄音檔，並更改目前狀態為「正在播放錄音……」。

7. 當播放完畢時會觸發 **音樂播放器 1** 組件的 **已完成** 事件，事件中設定 **開始錄音** 及 **播放錄音** 鈕為有作用，並將目前狀態改為「無操作……」。

6.3 影片相關組件

App Inventor 除了可以輕易使用照相機及錄放音裝置外，拍攝及播放影片也不是難事。App Inventor 提供 **錄影機** 組件來拍攝影片，**影片播放器** 組件來播放影片。

6.3.1 錄影機組件

功能說明

錄影機 組件是用來錄製影片檔，**錄影機** 組件會啟動行動裝置的攝影功能，並在完成攝影後傳回拍攝的影片檔路徑。**錄影機** 組件位於 **多媒體** 類別，屬於非可視組件。

方法及事件

錄影機 組件沒有任何屬性，只有一個方法及一個事件：

方法及事件	說明
開始錄製 方法	開始錄製影片檔。
錄製完成 事件	拍攝影片完成後觸發此事件，此事件會傳回影片檔路徑。

學 習 小 叮 嚀

錄影機組件的測試必須使用實機執行

錄影機 組件會使用到行動裝置的相機鏡頭，在測試時不能使用模擬器，必須使用實機。

深入解析

錄影機 組件只有開始拍攝影片的方法（**開始錄製** 方法），沒有結束拍攝的方法，所以無法以程式控制結束拍攝；在行動裝置中手動停止攝影時，就完成拍攝動作，接著觸發 **錄製完成** 事件做後續處理。拍攝完成後，**錄製完成** 事件會取得攝影檔案的儲存路徑，以參數 **影片位址** 傳回：

6.3.2 影片播放器組件

功能說明

影片播放器 組件是用來播放影片檔，支援的影片格式有 .wmv、.3gp 及 mp4。相較於播放聲音的 **音樂播放器** 組件，**影片播放器** 組件功能算是相當完整，具有播放介面，並提供控制面板讓使用者操作影片的播放。**影片播放器** 組件位於 **多媒體** 類別，可設定播放影片的區域大小。

屬性、方法及事件

影片播放器 組件的屬性有：

屬性	說明
全螢幕模式	設定是否全螢幕播放。此屬性並未出現於設計階段，只能使用程式拼塊設定。
來源	設定播放的影片檔。
可見性	設定是否在螢幕中顯示組件。
音量	設定播放音量大小，最小值由 0~100，預設為 50。

影片播放器 組件常用方法和事件有：

方法及事件	說明
取得時間長度 方法	取得影片檔的時間長度，時間單位為毫秒 (ms)。
暫停 方法	暫停播放影片檔。
搜尋 方法	將播放位置移到指定時間位置，時間單位為毫秒 (ms)。
開始 方法	開始播放影片檔。
停止 方法	停止播放影片檔。
已完成 事件	當影片檔播放結束會觸發此事件。

深入解析

影片播放器 組件播放影片檔時，只要在影片播放區域點按一下，此時下方會出現影片控制面板，可控制影片播放，不需自行設計。

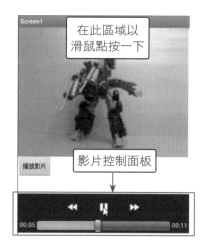

為了不影響畫面，影片控制面板在數秒後會自動消失，但不論何時只要在影片播放區域點按一下，就會出現影片控制面板。(經實測，目前 **影片播放器** 組件在模擬器中無法顯示，請使用實機執行。)

6.3.3 整合範例：攝放影機

有了 **錄影機** 及 **影片播放器** 組件，只要將兩者結合，就可建立既可攝影，又可觀看拍攝影片的應用程式。

範例：攝錄影機

程式開始執行時只有 **開始錄影** 鈕有作用，按 **開始錄影** 鈕會啟動行動裝置的攝影設備開始錄製影片檔，結束攝影時會回到應用程式，此後 **開始錄影** 及 **播放錄影** 鈕都有作用。按 **播放錄影** 鈕就會開始播放錄影檔，在影片播放區域點按一下，下方會出現影片控制面板。<ex_Camcorder.aia>

» 介面配置

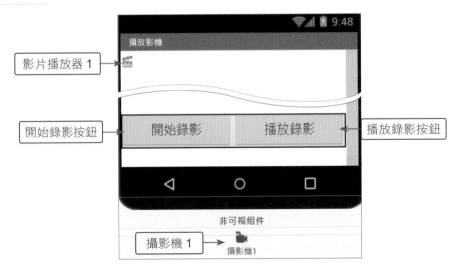

此處 **影片播放器 1** 組件的 **寬度** 屬性值設為「320」，**高度** 屬性值設為「240」，不論影片解析度為何，將在此範圍內播放。

» 程式拼塊

1. **按鈕狀態** 程序設定兩個按鈕是否有作用：若參數值為「真」，表示按鈕有作用，「假」表示無作用。

2. 程式開始時只有 **開始錄影** 鈕有作用。

3. 按 **開始錄影** 鈕後就以 **錄影機** 組件的 **開始錄製** 方法開始拍攝 。

4. 攝影完成會觸發 **錄製完成** 事件並傳回影片檔路徑，程式會將影片檔路徑做為 **影片播放器 1** 的影片來源，並設定兩個按鈕都有作用。

5. 按 **播放錄影** 鈕後就以 **影片播放器 1** 組件播放影片 。

6.4 綜合練習：音樂相簿 App

使用者按下畫面下的按鈕後，程式會開啟相機進行拍照動作，拍完後除了會將按鈕的背景取代為相片，上方的展示圖的背景也會換成該相片。若是將 4 個按鈕的照片完成替換，選按後會以該按鈕的相片呈現在上方的展示圖中。下方有一個音樂播放鈕與滑桿，可以使用按鈕播放或停止音樂，並利用滑桿控制音量大小。
<ex_MusicAlbum.aia>

注意：本範例因為使用到相機鏡頭，測試時需要使用實機進行模擬。

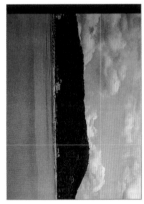

» 介面配置

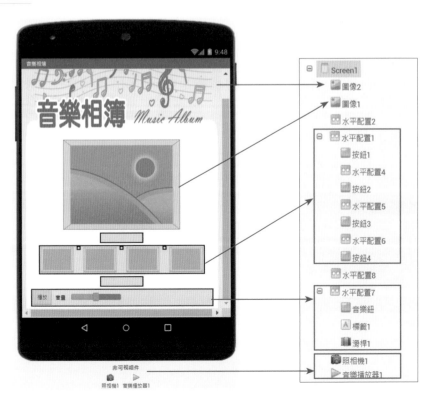

請在 **素材** 區上傳範例資料夾中 <media> 裡的圖片檔，包括了 <musicalbum.png>、<musicalbum_bg.png>、<pic_btn.png> 與 <pic_main.png>，還有音效檔 <summersong.mp3>。接著請在 **工作面板** 區加入相關的組件，重點如下：

1. **Screen1**：**水平對齊** 設「居中」，**垂直對齊** 設「居上」，**背景圖片** 設「musicalbum_bg.png」，**螢幕方向** 設「鎖定直式畫面」，**視窗大小** 設「自動調整」，核選 **允許捲動**。

2. **圖像 2**：**圖片** 設「musicalbum.png」，**寬度** 為「填滿」，核取 **放大 / 縮小圖片來適應尺寸**。

3. **圖像 1**：**圖片** 設「pic_main.png」，**寬度** 為「280 像素」，**高度** 為「210 像素」。

4. **按鈕 1~ 按鈕 4**：按鈕，**寬度** 為「80 像素」，**高度** 為「60 像素」，**圖像** 為「pic_btn.png」。

5. **音樂鈕**：按鈕，**文字** 為「播放」。

6. **標籤 1**：標籤，**文字** 為「音量」。

7. **滑桿 1**：**寬度** 為「填滿」，**最大值**「100」，**最小值**「0」，**指針位置**「30」。

» 程式拼塊

1. 變數 **相片編號** 儲存要顯示的照片編號。

2. 當 **按鈕 1** 被點選時，如果 **按鈕 1** 的圖像是「pic_btn.png」表示沒有拍過相片，就把 **相片編號** 設定為「1」，並呼叫 **照相機 1** 組件進行拍照，否則會將 **圖像 1** 的圖片設定 **按鈕 1** 的圖像。

3. **按鈕 2** 到 **按鈕 4** 都比照 **按鈕 1** 的方式進行設定。

```
初始化全域變數 相片編號 為 [ 1 ]

當 按鈕1 .被點選
執行  ⚙ 如果      按鈕1 . 圖像 = " pic_btn.png "
      則    設置 全域 相片編號 為 [ 1 ]
            呼叫 照相機1 .拍照
      否則   設 圖像1 . 圖片 為 按鈕1 . 圖像

當 按鈕2 .被點選
執行  ⚙ 如果      按鈕2 . 圖像 = " pic_btn.png "
      則    設置 全域 相片編號 為 [ 2 ]
            呼叫 照相機1 .拍照
      否則   設 圖像1 . 圖片 為 按鈕2 . 圖像
```

4. 當 **照相機 1** 拍攝完成後，如果 **相片編號** 是 1，則將 **圖像 1** 及 **按鈕 1** 的背景
圖片都設為拍攝後的 **圖像位址**。依此類推：當 **相片編號** 是 2~4 時，請依相
同的方式設定 **圖像 1** 及 **按鈕 2~ 按鈕 4** 的背景圖片。

5. 當 **音樂鈕** 被點選時，設定 **音樂播放器 1** 的 **來源** 為「summersong.mp3」，
音量 為 **滑桿 1** 的指針位置。如果 **音樂鈕** 的 **文字** 是「播放」就開始播放音樂，
並將 **文字** 改為「停止」，否則停止播放音樂，並將 **文字** 改為「播放」。

6. 當 **滑桿 1** 的指針位置被改變時，就將 **音樂播放器 1** 的 **音量** 設定為 **滑桿 1** 新
的指針位置。

實作題

1. 相片通訊錄：程式執行後，先輸入姓名，按 **照相機照相** 鈕就會開啟相機功能，照相後相片會顯示於 **相片** 欄位中；按 **選取相片** 鈕會啟動相簿讓使用者點選，選取的相片會顯示於 **相片** 欄位中。<Ch06_ex1.aia>

2. 播放的樂曲為 <greensleeves.mp3>，循環播放。開始時只有 **播放** 鈕有作用，**播放** 鈕為從頭播放，**暫停** 鈕會暫時停止播放，**繼續** 鈕會由暫停處播放，**停止** 鈕會停止播放。過程中不需要的按鈕會設定為無作用。<Ch06_ex2.aia>

繪圖動畫與圖表

- 畫布組件屬於繪圖動畫類別組件，畫布相當於一個空白畫布，可以在畫布上繪製點、直線、圓、文字等圖形，也可以將畫布的圖形存檔。

- 圖像精靈和球形精靈組件屬於繪圖動畫類別組件，它是 App Inventor 為動畫和遊戲所量身打造的組件，使用時必須配合畫布組件。

- Chart 組件可以將來自數據組件的數據繪製成不同類型的圖表，包括折線圖、面積圖、散點圖、條形圖和餅圖，這些圖表可以用於顯示數據的趨勢、分布、比較等。

- ChartData2D 組件是用來連接並傳輸資料到 Chart 組件，ChartData2D 可以傳輸二維陣列的數據，包括表格的行列資料等，數據的項目對應於 x 和 y 值，每一個數據表示一個項目。

7.1 畫布組件

畫布 組件屬於 繪圖動畫 類別組件， 畫布 組件相當於一個空白畫布，可以在 畫布 上繪製點、直線、圓、文字等圖形，也可以將 畫布 的圖形存檔。 此外，App Inventor 經常會使用 畫布 組件配合 圖像精靈 和 球形精靈 組件，設計含有動畫或遊戲的程式。

7.1.1 畫布組件介紹及常用屬性

畫布組件的特色

1. **畫布** 組件相當於一個空白畫布，使用 **背景顏色** 屬性可以設定畫布背景顏色，也可以使用 **背景圖片** 屬性設定畫布背景圖。

2. **畫布** 組件的 **背景圖片** 屬性除了可以使用一般的圖檔，也可以利用 **照相機** 組件來照相，或是以 **圖像選擇器** 組件從相簿中取得一張圖片當作 **畫布** 背景圖。

3. **畫布** 上可以繪製點、直線、圓、文字等圖形。

4. **畫布** 座標是以左上角為 (0,0) 基準點，向右、向下為正所計算的相對座標。

5. **畫布** 上只允許布置 **繪圖動畫** 類別的 **圖像精靈** 和 **球形精靈** 兩種組件。

畫布組件常用屬性

屬性	說明
背景顏色	設定背景顏色。
背景圖片	設定背景圖片。
線寬	設定繪筆的粗細。
畫筆顏色	設定繪筆的顏色。
字體大小	繪製文字的字形大小。
文字對齊	繪製文字的對齊方式。

7.1.2 畫布組件方法介紹

畫布 組件的方法可以在畫布上畫點、畫圓、畫線、畫文字，也能將整個畫布儲存成圖片檔案，相當實用。常用的 **畫布** 組件的方法如下：

方法	說明
清除畫布	清除畫布上繪製的圖形，但不會清除背景圖片。
畫圓 (圓心 x 座標 , 圓心 y 座標 , 半徑 , 填滿)	以圓心座標及半徑畫圓，**填滿** 預設值為 **真** 繪製實心圓，**假** 為空心圓。
畫線 (x1,y1 , x2,y2)	由二個座標間繪製一條直線。
畫點 (x 座標 , y 座標)	在座標位置，以畫筆繪製一個點。
繪製文字 (文字 , x 座標 , y 座標)	在座標位置，繪製文字內容。
取得背景像素顏色 (x 座標 , y 座標)	取得座標位置的背景像素顏色。
取得像素顏色 (x 座標 , y 座標)	取得座標位置的像素顏色。
儲存 ()	將畫布存成一張圖檔並傳回儲存的路徑。
另存為 (檔案名稱)	將畫布以指定檔名儲存並傳回路徑。
設定背景像素顏色 (x 座標 , y 座標 , 顏色)	將座標位置的背景像素顏色設定為參數 **顏色** 值。

▶ **範例：設定畫布背景圖、繪製圖形和文字**

設定 **畫布** 的背景色為粉紅色，在 **畫布** 上方繪製文字，並繪製直線、實心圓和空心圓。<ex_CanvasDraw.aia>

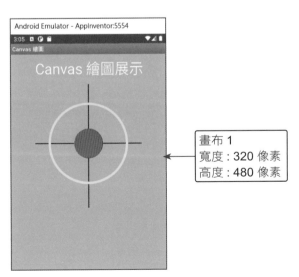

» 程式拼塊

當 Screen1 **.初始化**
執行

1 呼叫 畫布1 .清除畫布

2 設 畫布1 .背景顏色 為
設 畫布1 .畫筆顏色 為
設 畫布1 .字體大小 為 30
呼叫 畫布1 .繪製文字
　　　　文字 " Canvas 繪圖展示 "
　　　　x座標 50
　　　　y座標 40

3 設 畫布1 .畫筆顏色 為
設 畫布1 .線寬 為 2
呼叫 畫布1 .畫線 x1 50 y1 180 x2 270 y2 180
呼叫 畫布1 .畫線 x1 160 y1 60 x2 160 y2 310

4 設 畫布1 .線寬 為 5
設 畫布1 .畫筆顏色 為
呼叫 畫布1 .畫圓 圓心x座標 160 圓心y座標 180 半徑 80 填滿 假

5 設 畫布1 .畫筆顏色 為
呼叫 畫布1 .畫圓 圓心x座標 160 圓心y座標 180 半徑 30 填滿 真

1 先清除畫面布，再設定背景顏色為綠色。

2 以 **繪製文字** 方法繪製白色、**字體大小** 為 30 的文字「Canvas 繪圖展示」。

3 以 **畫線** 方法，繪製兩條線寬為 2 的黑色直線。

4 以 **畫圓** 方法繪製黃色空心圓，半徑為 80 像素。

5 以 **畫圓** 方法繪製淺紅色實心圓，半徑為 30 像素。

7.1.3 畫布組件事件介紹

畫布 組件有幾個重要的事件，通常會接收許多參數，善用這些參數，即可製造極佳的遊戲效果。

被拖曳事件

在畫布上拖曳時會觸發 **被拖曳** 事件。起點座標為拖曳事件第一次的觸碰點，在拖曳過程中會由前點座標到當前座標，**任意被拖曳的精靈** 可判斷在拖曳過程中是否觸碰到 **畫布** 中的其他動畫組件。

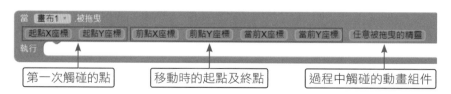

▼範例：畫布塗鴉

在 **畫布** 上拖曳即可以隨意塗鴉，紓發好心情，也可用滑桿設定畫筆的粗細。
<ex_CanvasDrag.aia>

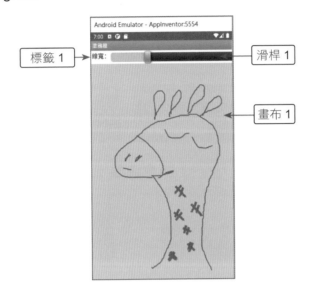

» 程式拼塊

1. 設定畫筆的粗細：拖曳滑動條可以設定畫筆的粗細。

2. 在畫布上拖曳後開始塗鴉。

1 設定畫筆顏色為藍色。

2 以畫線方法，自（**前點 X 座標，前點 Y 座標**）至（**當前 X 座標，當前 Y 座標**）畫線即可隨意塗鴉。

被壓下、被鬆開和被觸碰事件

1. **被壓下**：觸碰畫布會觸發此事件，座標為觸碰畫布的位置。

2. **被鬆開**：放開觸碰後會觸發此事件，座標為鬆開時觸碰畫布的位置。

3. **被觸碰**：觸碰畫布會觸發此事件，座標為觸碰畫布的位置，若 **任意被觸碰的精靈** 為 **真** 代表觸碰到動畫組件。

例如：檢查 **被觸碰** 事件，若觸碰到 **圖像精靈** 或 **球形精靈** 動畫組件，即發出碰觸的音效。

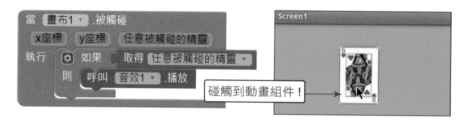

被滑過事件

當手指在 **畫布** 上滑動會觸發 **被滑過** 事件，會產生觸碰的位置座標，滑動的速度、方向及 XY 軸方向的滑動量。**被滑過的精靈** 可判斷在拖曳過程中是否觸碰到 **畫布** 中的其他動畫組件。

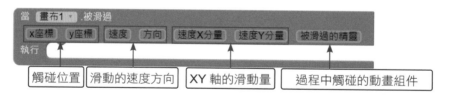

1. **速度**：表示滑動的速度，值介於 0~9.8。

2. **方向**：表示滑動的方向，向右為 0^0、向上為 90^0、向左為 180^0、向下為 -90^0。

3. **速度 X 分量**：左右的滑動量，向右為正、向左為負。

4. **速度 Y 分量**：上下的滑動量，向下為正、向上為負。

例如要判斷向左或向右滑動，只要判斷 **速度 X 分量** 的參數值即可，當 **速度 X 分量 > 0** 表示向右滑動，當 **速度 X 分量 < 0** 表示向左滑動。以此類推：**速度 Y 分量** 就可以用來判斷向上或向下滑動。

▼ **範例：利用 被滑過 事件設定左右移動方向**

在 **畫布** 上顯示數字，向右滑 +1，向左滑 -1。<ex_CanvasFlung.aia>

» 程式拼塊

1. 建立全域變數：**計數器**，預設值為 0。**Screen1** 初始化時，先清除畫布，接著將 **計數器** 以繪製文字的方式顯示在畫面上。

2. 當畫布被滑動時，先清除畫布，使用 **速度 X 分量** 做為判斷依據，>0 為向右滑，即將 **計數器** +1，<0 為向左滑，即將 **計數器** -1。最後再將 **計數器** 以繪製文字的方式重新顯示在畫面上。

7.2 圖像精靈及球形精靈組件

圖像精靈 和 **球形精靈** 組件屬於 **繪圖動畫** 類別組件， 它是 App Inventor 為動畫和遊戲所量身打造的組件，使用時必須配合 **畫布** 組件。

7.2.1 圖像精靈及球形精靈組件介紹

認識圖像精靈、球形精靈組件

1. **圖像精靈**：用圖片當作背景圖，可以設定移動方向、速度、間隔時間移動距離還可以設定是否要依前進方向旋轉。在碰撞到畫布邊界時會觸發事件，更可以進一步將組件反彈。

2. **球形精靈**：和 **圖像精靈** 組件相似，兩者幾乎擁有相同的屬性、方法和事件，差別為 **圖像精靈** 是以圖片當作背景圖，且可以設定旋轉；而 **球形精靈** 則只能設定畫筆顏色及半徑大小來繪製單一顏色的圓球。

圖像精靈、球形精靈組件常用屬性

屬性	說明
圖片	設定 **圖像精靈** 的背景圖。(**球形精靈** 無此屬性)
間隔	設定 **圖像精靈** 或 **球形精靈** 多久移動一次。
旋轉	設定 **圖像精靈** 是否依移動方向旋轉。(**球形精靈** 無此屬性)
指向	設定 **圖像精靈** 或 **球形精靈** 的移動方向。向右為 0^0，向上為 90^0, 向左為 180^0，向下為 270^0。
X 座標	設定 **圖像精靈** 或 **球形精靈** 相對於 **畫布** 的 X 座標。
Y 座標	設定 **圖像精靈** 或 **球形精靈** 相對於 **畫布** 的 Y 座標。
Z 座標	設定 **圖像精靈** 或 **球形精靈** 的層次。當組件重疊時，Z 值愈大者會置於較上層，預設值為 1.0。
速度	設定 **圖像精靈** 或 **球形精靈** 每次移動的距離。
半徑	設定 **球形精靈** 的半徑。(**圖像精靈** 無此屬性)

圖像精靈、球形精靈組件常用事件

事件	說明
碰撞 (其他精靈)	當組件和其他組件碰撞時會觸發此事件。
被拖曳 (起點 X 座標 , 起點 Y 座標 , 前點 X 座標 , 前點 Y 座標 , 當前 X 座標 , 當前 Y 座標)	拖曳組件時會觸發此事件。起點座標為第一次觸碰的點,並由前點座標移到當前座標。
到達邊界 (邊緣數值)	當組件碰撞到 **畫布** 的邊緣時會觸發此事件。**邊緣數值** 代表邊界的方位。 -4　1　　2 -3　　　3 -2　　　4 　　-1
結束碰撞 (其他精靈)	當組件和其他組件結束碰撞時會觸發此事件。
被滑過 (x 座標 , y 座標 , 速度 , 方向 , 速度 X 分量 , 速度 Y 分量)	當手指在組件上滑動會觸發此事件,會傳回觸碰的 x、y 座標、滑動速度、滑動方向與左右、上下的滑動量。
被壓下 (x 座標 , y 座標)	觸碰組件會觸發此事件,x、y 座標為觸碰的位置。
被觸碰 (x 座標 , y 座標)	觸碰組件也會觸發此事件,和 **被壓下 ()** 相似。
被鬆開 (x 座標 , y 座標)	結束觸碰後會觸發此事件,x、y 座標為鬆開時組件在畫布的位置。

圖像精靈或球形精靈組件常用方法

方法	說明
反彈 (邊緣數值)	將組件從邊緣依 **邊緣數值** 的方向反彈。
碰撞偵測 (其他精靈)	偵測目前組件是否和其他組件發生碰撞。
移動到邊界 ()	當組件超出邊緣時,將它移回邊界內。
移動到指定位置 (x 座標 , y 座標)	將組件移動到座標位置。
轉到指定方向 (x 座標 , y 座標)	將組件的方向轉到面向 x、y 座標位置。
轉向指定對象 (目標精靈)	將組件的方向轉到面向 **目標精靈** 方向。

▶ 範例：使用畫布和圖像精靈製作遊戲效果

在 **畫布** 中布置一個 **圖像精靈** 組件，背景圖為籃球，滑動 **圖像精靈** 組件會觸發 **被滑過** 事件將籃球發出，當籃球碰到 **畫布** 邊緣時會反彈。<ex_Shot.aia>

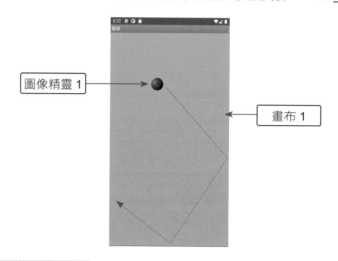

» 使用組件及其重要屬性

組件類別	名稱	屬性	說明
Screen	Screen1	螢幕方向：鎖定直式畫面 視窗大小：自動調整	
畫布	畫布 1	背景顏色：粉紅色 寬度：填滿、高度：填滿	設定畫布背景色和大小。
圖像精靈	圖像精靈 1	指向：0、間隔：100 圖片：basketball.gif 旋轉：核取、速度：0 高度：自動　寬度：自動	設定 **圖像精靈** 的背景圖為 <basketball.gif>。

» 程式拼塊

1. 當滑動 **圖像精靈** 組件會觸發 **被滑過** 事件，將籃球依滑動方向發出。

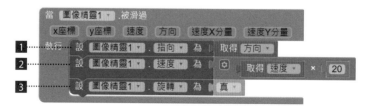

1 依滑動方向發出。

2 **速度** 為滑動的速度，我們故意將它乘以 20 讓速度加快。

3 依移動方向旋轉。

2. 當籃球碰到 **畫布** 的邊緣時，以 **反彈** 方法將籃球依 **邊緣數值** 的方向反彈。

```
當 圖像精靈1 ▾ 到達邊界
  邊緣數值
執行  呼叫 圖像精靈1 ▾ .反彈
              邊緣數值  取得 邊緣數值 ▾
```

7.2.2 圖像精靈及球形精靈組件拖曳的處理

拖曳是遊戲常用的技巧，通常會將被拖曳的組件移至最上層，拖曳時一樣會接收許多的參數，必須精準掌握這些參數，才能展現其強大的功力。

圖像精靈、球形精靈組件的拖曳

拖曳 **圖像精靈** 或 **球形精靈** 組件時會觸發 **被拖曳** 事件，起點座標為第一次觸碰的點，並由前點座標移到當前座標。

例如想要用手指拖曳 **球形精靈** 組件，讓組件跟著一起移動的做法如下：

```
當 圖像精靈1 ▾ .被拖曳
  起點X座標  起點Y座標  前點X座標  前點Y座標  當前X座標  當前Y座標
執行  呼叫 球形精靈1 ▾ .移動到指定位置
              x座標  取得 當前X座標 ▾
              y座標  取得 當前Y座標 ▾
```

只要將組件的 X、Y 座標移動到當前拖曳手指所在的 X、Y 座標即可。

圖像精靈、球形精靈組件的 Z 座標屬性

如果 **畫布** 上有多個動畫組件，通常會將被拖曳的組件移至最上層。利用 **圖像精靈** 或 **球形精靈** 組件的 **Z 座標** 屬性即可達成。**Z 座標** 屬性表示該組件的層次，值愈大表示愈上層。 如下圖：撲克牌 **Q** 在撲克牌 **J** 的上方。

▼範例：撲克牌掀牌和拖曳

兩個 **圖像精靈** 組件分別表示為撲克牌 J 和 Q，程式剛開始都顯示牌背，按下撲克牌即可將牌掀開，也可拖曳撲克牌，被拖曳的牌會移至最上層顯示。
<ex_DragPoker.aia>

» 介面配置

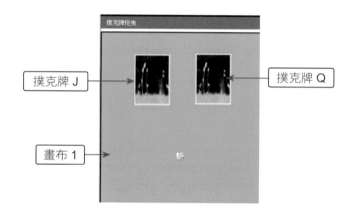

» 使用組件及其重要屬性

名稱	屬性	說明
畫布 1	背景顏色：粉紅色 寬度：填滿 高度：480 像素	設定畫布背景色和大小。
撲克牌 J	指向：0 間隔：100 圖片：PokerBackground.jpg 旋轉：核取 速度：0 高度：自動，寬度：自動	設定 **撲克牌 J** 的背景圖為 <PokerBackground.jpg>。
撲克牌 Q	同上	設定 **撲克牌 Q** 的背景圖為 <PokerBackground.jpg>。

» 程式拼塊

1. 按下撲克牌將牌掀開，並以 **編號** 記錄撲克牌編號，撲克牌 J、Q 編號分別為 11 和 12，並將該撲克牌移到最上層。

2. 判斷拖曳牌是否為 **撲克牌 J**，成立時才拖曳該牌。當兩張牌重疊時，如果不檢查將會產生誤判。加上 **編號** 的判斷即可明確拖曳指定的牌。

1 如果編號 11，拖曳的牌為撲克牌 J。

2 將拖曳的牌移到最上層。

3 拖曳撲克牌。

3. **撲克牌 Q. 被拖動** 事件和 **撲克牌 J. 被拖動** 事件相似，但必須檢查編號為 12，不再贅述。

7.3 圖表

MIT App Inventor 新推出的 Charts 類別組件，包含 Chart 和 ChartData2D 組件可以繪製圖表。

7.3.1 Chart 組件

功能說明

Chart 組件可以將來自 ChartData2D 數據組件的數據繪製成不同類型的圖表，包括折線圖、面積圖、散點圖、條形圖和餅圖。這些圖表可以顯示數據的趨勢、分布、比較等，也可以調整 Chart 組件外觀的屬性，例如：描述 (Description)、圖例 (LegendEnabled)、網格 (GridEnabled) 等屬性。

屬性

屬性	說明
背景顏色	設定圖表的背景顏色。
描述	設定圖表描述標籤的文字。
GridEnabled	設定圖表是否顯示網格，適用於面積圖、條形圖、折線圖、散點圖類型。
高度 / 寬度	設定圖表的高度 / 寬度。
Labels	利用拼塊以清單設定圖表的 X 軸，清單的第一個項目對應於數據最小 X 值，第二個項目對應於最小 X 值 +1，依此類推。如果沒有為 X 軸指定標籤，則使用預設值。
LabelsFromString	設定圖表 X 軸的標籤，前提是圖表是具有 X 軸。每個標籤以逗號分隔，例如：A,B,C 設定三個項目的標籤為 A、B、C。
LegendEnabled	設定是否顯示圖例。
PieRadius	設置餅圖圖表的餅圖半徑，如果圖表類型不是餅圖，則該值無效。
種類 (ChartType)	指定圖表的類型，有 line：折線圖、scatter：散點圖、area：面積圖、bar：長條圖和 pie：圓餅圖。
高度 / 寬度百分比	設定圖表的高度與螢幕高度、水平寬度與螢幕寬度的百分比。

事件和方法

事件、方法	說明
EntryClick(series,x 座標，y 座標) 事件	當使用者點擊圖表中的項目會觸發此事件，並傳回特定串列及其 x 和 y 值。
SetDomain(minimum, maximum) 方法	設置 X 軸範圍的最小值和最大值，經測試此方法設定會產生錯誤。
SetRange(minimum, maximum) 方法	設置 Y 軸範圍的最小值和最大值，經測試此方法設定會產生錯誤。

7.3.2 ChartData2D 組件

功能說明

ChartData2D 組件是用來連接並傳輸資料到 Chart 組件，ChartData2D 可以傳輸二維陣列的數據，包括表格的行列資料等，數據的項目對應於 x 和 y 值，每一個數據表示一個項目，例如：在折線圖的為一條線，在長條圖的為一長條。

屬性

屬性	說明
Color	設定圖表項目的顏色。
Colors	利用拼塊以顏色清單設定圖表項目的顏色。 如果數據多於顏色，顏色將按順序交替。例如：顏色清單有紅色和藍色兩種顏色，數據項目的顏色將按紅色、藍色、紅色、藍色…交替。
ElementsFromPairs	以列表設定圖表項目的數據。列表的格式如下：x1,y1,x2,y2,x3,y3，每一個項都是成對的，每一個項目由 x 和 y 值組成。例如：0,2,1,5,2,3。
Label	設定圖例的文字。
PointShape	設定散點圖圖表項目的點形狀，只適用散點圖圖表。點形狀類型包括 circle：圓形、square：方形、triangel：三角形、cross：十字形和 x 形狀。
來源 (Source)	設定圖表數據的來源。

常用事件和方法

事件、方法	說明
EntryClick(x,y) 事件	當使用者點擊圖表中的項目會觸發此事件,並傳回該項目的 x 和 y 值。
ChangeDataSource(source, keyValue) 方法	將圖表的資料來源更改為具有指定鍵值的 source 資料來源。
Clear() 方法	從數據系列中刪除所有圖表項目。
ImportFromDataFile(dataFile,xValueColumn, yValueColumn) 方法	利用 DataFile 組件導入數據,DataFile 的來源文件必須是 CSV 或 JSON 文件,並將指定的 **xValueColumn** 欄位當為 x 值、指定的 **yValueColumn** 欄位當作為 y 值。
ImportFromList(list) 方法	將指定清單的數據導入數據系列,該清單的元素必須是一個清單。
ImportFromSpreadsheet(spreadsheet,xColumn, yColumn,useHeaders) 方法	從指定的試算表導入數據,將指定的 x 欄位作為 x 值,指定的 y 欄位作為 y 值。

深入分析

ImportFromDataFile(dataFile,xValueColumn,yValueColumn):利用 DataFile 組件導入數據,DataFile 的來源文件必須是 CSV 或 JSON 文件,並將指定的 **xValueColumn** 欄位當為 x 值、指定的 **yValueColumn** 欄位當作為 y 值。如果任何列參數為空值,則會使用項目的索引當作預設值,第一個項目,預設值為 0,第二個項目,預設值為 1,依此類推。例如:以 data1.csv 的 X、Y 欄位當作 x 和 y 的值。

ImportFromList(list):將指定清單的數據導入數據系列,該清單是二維清單,清單中的元素必須是一個清單,每個清單元素應該有 (x,y) 值。例如:包含兩個清單項目 [[x1,y1],[x2,y2]] 的二維清單 [[0,70],[1,90]]。

呼叫 ChartData2D1 ▾ .ImportFromList
　　　　　　　　　　　清單 ⚙ 建立清單 ⚙ 建立清單 0
　　　　　　　　　　　　　　　　　　　　　　　　70
　　　　　　　　　　　　　　　　⚙ 建立清單 1
　　　　　　　　　　　　　　　　　　　　　　90

ImportFromSpreadsheet(spreadsheet,xColumn,yColumn,useHeaders)：從指定的試算表導入數據，將指定的 x 欄位作為 x 值，指定的 y 欄位作為 y 值，參數 **useHeaders** 設定為 false 會以試算表的欄位當作 x 和 y 的值，例如 A 或 B，設為為 true 將試算表表格的第一列當作 x 和 y 的值。

參數 **useHeaders** 設定為 false，以試算表的 A、 B 欄位當作 x 和 y 的值。

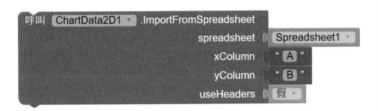

參數 **useHeaders** 設定為 true 以試算表自訂的科目、 成績欄位當作 x 和 y 的值。

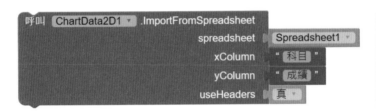

ChartData2D 取得數據的方式很多，詳細說明請參考附錄 E。

下面範例會讀取 CSV 檔案的資料當作數據，繪製長條圖和餅圖。<student.csv> 檔內容如下：共有 4 筆資料，第 1 筆是標題，第 2~4 筆是數據資料，分別是 chinese,70、english,90 和 math,80。

	A	B	C	D	E	F	G	H	I
1	subject	score		標題					
2	chinese	70							
3	english	90							
4	math	80							

student ⊕

▼範例：繪製長條圖和圓餅圖

利用 ImportFromDataFile 方法，以 DataFile 組件讀取 <student.csv> 檔，並分別以 subject、score 欄位當作 x 和 y 值，繪製長條圖和圓餅圖。
<ex_Chart.aia>

» 執行情形

按鈕 **長條圖**，以 DataFile 組件載入 CSV 檔繪製長條圖，按鈕 **圓餅圖**，以 DataFile 組件載入 CSV 檔繪製圓餅圖，按下圖表上的項目，會在標籤上顯示該項目的 x、y 資訊。

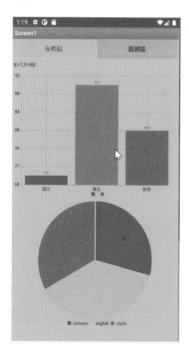
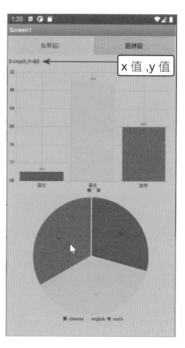

» 介面配置

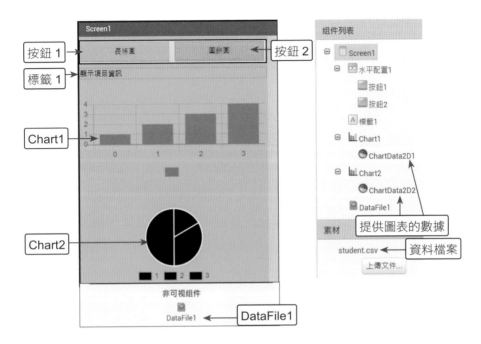

請在 **素材** 區上傳範例資料夾中的 <student.csv> 檔，接著請在 **工作面板** 區加入相關的組件，重點如下：

1. **Screen1**：**水平對齊** 設「居中」，**垂直對齊** 設「居上」，**螢幕方向** 設「鎖定直式畫面」，**視窗大小** 設「自動調整」。

2. **水平配置 1**：**高度** 為「自動」，**寬度** 為「填滿」。

3. **按鈕 1**：**背景顏色** 為「綠色」，**寬度** 為「填滿」，**文字** 為「長條圖」。

4. **按鈕 2**：**背景顏色** 為「橙色」，**寬度** 為「填滿」，**文字** 為「圓餅圖」。

5. **標籤 1**：**字體大小** 為「12」，**寬度** 為「填滿」，**文字** 為「顯示項目資訊」。

6. **Chart1**：**寬度** 為「填滿」，**高度** 為「40 比例」，**GridEnabled** 設「核取」，**LegendEnabled** 設「核取」，**種類** 為「bar」。

7. **ChartData2D1**：**Color** 為「灰色」。

8. **Chart2**：**寬度** 為「填滿」，**高度** 為「40 比例」，**LegendEnabled** 設「核取」，**PieRadius** 為「100」，**種類** 為「pie」。

9. **ChartData2D2**：**Color** 為「預設」。

10. **DataFile1**：**SourceFile** 設為「student.csv」。

» 程式拼塊

1. 按下 **按鈕 1**，以 DataFile 組件載入 CSV 檔繪製長條圖。

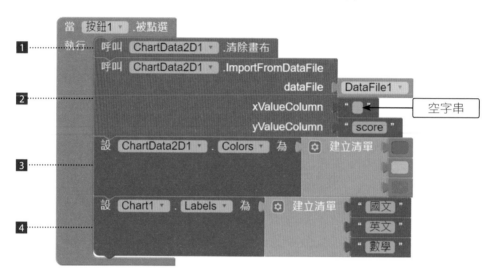

1 繪圖前先刪除所有的圖表項目。

2 利用 ImportFromDataFile 方法，載入 DataFile 組件的數據，參數 **xValueColumn** 設為空字串表示使用 0、1、2 的索引當作 x 值，**yValueColumn** 設為 score 表示以 score 欄位當作 y 值。

3 以 Colors 屬性設定圖表項目的顏色為紅、綠、藍。

4 以 Labels 屬性設定圖表項目的 x 值為國文、英文、數學 (因為原來的 0、1、2 不佳)。

2. 按下長條圖上的圖表項目，會在標籤上顯示該項目的 x、y 值。

3. 按下 **按鈕 2**，以 DataFile 組件載入 CSV 檔繪製圓餅圖。

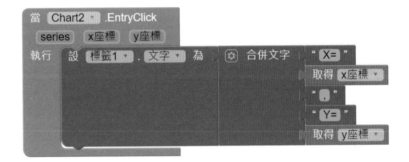

1 繪圖前先刪除所有的圖表項目。

2 以 subject 欄位當作 x 值 (即 chinese、english、math)，score 欄位當作 y 值。請注意：本例的圖表是圓餅圖，只有圓餅圖的 x 值可以使用文字，其他的圖表的則都必須使用數值，若使用文字會產生錯誤。

3 以 Colors 屬性設定圖表項目的顏色為紅、綠、藍。

4. 按下圖餅圖上的圖表項目，會在標籤上顯示該項目的 x、y 值。

7.4 綜合練習：乒乓球遊戲 App

使用者用手指按下紅色的球開始發球，遊戲者可左、右拖曳紅色擋板，當球碰到
紅色擋板可得 50 分並反彈，碰到 **畫布** 的右、上、左邊緣時也會反彈但不會得分，
碰到 **畫布** 下邊緣，則結束遊戲並將紅色球移到螢幕中央。<ex_PingPong.aia>

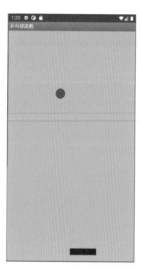  

» 介面配置

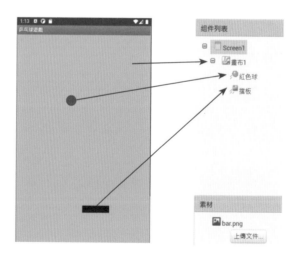

請在 **素材** 區上傳範例資料夾 <media> 裡的 <bar.png>，接著請在 **工作面板** 區
加入相關的組件，重點如下：

1. **Screen1**：**水平對齊** 設「居中」，**垂直對齊** 設「居上」，**螢幕方向** 設「鎖定
   直式畫面」，**視窗大小** 設「自動調整」。

2. **畫布 1**：**寬度**：「填滿」，**高度**：「100 比例」。

3. **紅色球**：**指向**：「0」，**間隔**：「100」，**畫筆顏色**：「紅色」，**半徑**：「15」，**速度**：「0」。

4. **擋板**：**圖片**：「bar.png」，**寬度**：「80 像素」，**高度**：「20 像素」。

» 程式拼塊

1. 建立變數 **得分** 記錄遊戲得分，遊戲開始將擋板移到螢幕下緣。

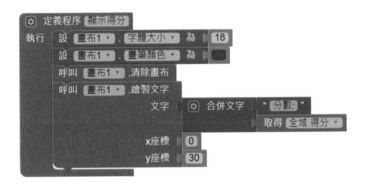

2. 自訂程序 **顯示得分** 以藍色、字體大小為 18，顯示遊戲得分。

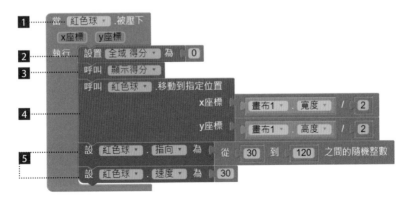

3. 按下 **紅色球** 開始將球發出。

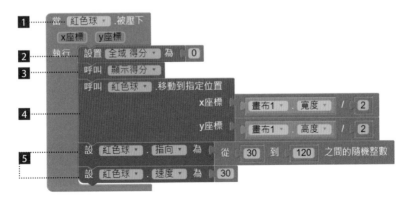

1 按下 **紅色球** 開始發球。

2 程式開始，設定得分為 0。

3 以自訂程序 **顯示得分** 顯示遊戲得分。

4 將 **紅色球** 移至螢幕中央。

5 發球的方向為 30~120 中以亂數取得的角度，球速為 30。

4. 當 **紅色球** 碰到邊界的處理。

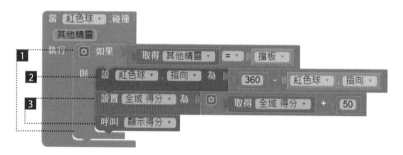

■1 如果是碰到下邊界，表示遊戲結束，將 **紅色球** 停止移動，並移到螢幕中央準備再進行遊戲。

■2 如果是碰到右、上、左邊界，將 **紅色球** 反彈。

5. 當 **紅色球** 碰到擋板，得分加 50 分。

■1 判斷 **紅色球** 是否碰到擋板。

■2 將 **紅色球** 反彈。球移動後碰撞到擋板再反彈的方向計算公式為：**反彈方向 =(360- 移動方向)**。例如：球朝著 300^0 方向移動，在碰撞到擋板後反彈方向為 60^0 (360-300=60)。

球先在 ❶ 位置朝右下角 300^0 方向移動，在 ❷ 碰到擋板後就往右上角 60^0 方向移動。

■3 得分加 50 分，更新得分。

6. 拖曳擋板的處理。

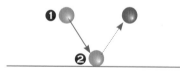

■1 接收的參數，其中 (**當前 X 座標 , 當前 Y 座標**) 為目前的觸碰點。

■2 將 **擋板** 的中心點移到目前的觸碰點 **當前 X 座標** 位置上。

延 伸 練 習

實作題

1. 在 **畫布** 中央布置一個足球,按下足球將球以任意方向發出,足球碰到 **畫布** 邊緣時會反彈並發出碰撞音效。<Ch07_ex1.aia>

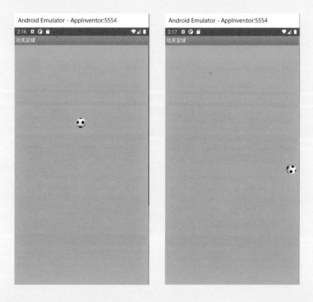

2. 按下足球由 **畫布** 中央開始發球,遊戲者可上、下拖曳藍色擋板,當球碰到 擋板或 **畫布** 上、左、下邊緣時都會反彈,碰到 **畫布** 右邊緣,則結束遊戲。 <Ch07_ex2.aia>

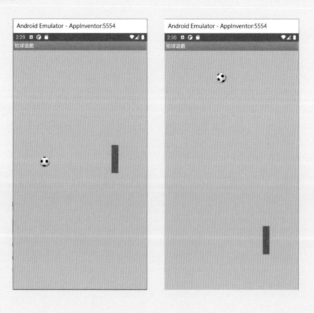

MEMO

08

電話簡訊與網路

- 網路瀏覽器組件主要用來顯示指定的網頁內容，它的功能等於在 App Inventor 中嵌入一個小瀏覽器，除了能夠顯示網頁的內容，也可顯示文字、圖片、Gif 動畫，甚至是 Google Maps。

- 網路組件是屬於背景執行組件，執行時並不會顯示在 Screen 中，網路組件可以將資料以執行 GET 請求、執行 POST 文字請求等方式傳遞到指定網址，再將資料讀取回來。

- Activity 啟動器組件用以呼叫其他的應用程式，是一個功能非常強大的進階組件。Activity 啟動器組件是屬於非可視組件，執行時並不會顯示在 Screen 中。

8.1 聯絡人列表

雖然現在智慧型手機的功能五花八門，並不斷開發新用途，不過手機最主要的功能仍是打電話及發送簡訊，而這兩個功能與聯絡人息息相關！ App Inventor 提供 **聯絡人選擇器** 及 **撥號清單選擇器** 兩個組件來讀取手機中的聯絡人資料，並以表列方式讓使用者選用。

8.1.1 聯絡人選擇器及撥號清單選擇器組件

聯絡人選擇器 及 **撥號清單選擇器** 組件的功能及使用方式完全相同，下面以 **聯絡人選擇器** 組件做說明。

功能說明

聯絡人選擇器 及 **撥號清單選擇器** 組件皆屬於 **社交應用** 類別，它會自動擷取手機中聯絡人資料，接下來會呼叫本機聯絡人應用程式顯示聯絡人名稱。使用者可以在表列中點選，組件會傳回使用者選取聯絡人的名稱、電話號碼、電子郵件及相片等資訊。**聯絡人選擇器** 組件的外觀與 **按鈕** 組件相同，呈現按鈕形式。

主要屬性

屬性	說明
聯絡人姓名	傳回聯絡人名稱，只能在程式拼塊中使用。
電話號碼	傳回聯絡人電話號碼，資料型態為字串。
電話號碼清單	傳回聯絡人電話號碼，資料型態為清單。
電子郵件位址	傳回聯絡人電子郵件，只能在程式拼塊中使用。
圖片	傳回聯絡人相片，只能在程式拼塊中使用。

事件及方法

事件或方法	說明
選擇完成 事件	使用者點選 **聯絡人選擇器** 組件的聯絡人後觸發本事件。
準備選擇 事件	使用者點選 **聯絡人選擇器** 組件後，尚未顯示 **聯絡人選擇器** 組件的聯絡人前觸發本事件。

事件或方法	說明
開啟選取器 方法	顯示 **聯絡人選擇器** 組件的聯絡人。
查看聯絡人 方法	顯示 **聯絡人選擇器** 組件聯絡人在行動裝置中的路徑。

8.1.2 整合範例：讀取聯絡人資料

使用 **聯絡人選擇器** 組件讀取聯絡人資料。

▼範例：聯絡人資料

按 **聯絡人選擇器** 鈕會讀取手機上聯絡人資料，選任一聯絡人後回到主頁面中會
顯示該聯絡人的名稱、電子郵件、電話號碼及相片。<ex_Contact.aia>

» 介面配置

» 程式拼塊

使用者按 **聯絡人選擇器** 組件並選取聯絡人後，在 **選擇完成** 事件中將傳回的 **聯
絡人姓名**、 **電子郵件地址**、**相片** 及 **電話號碼** 分別顯示於對應欄位中。

8.2 撥打電話及傳送簡訊

App Inventor 提供 **電話撥號器** 組件來撥打電話，**簡訊** 組件來收發簡訊。

8.2.1 電話撥號器組件

功能說明

電話撥號器 組件的主要用途是用來撥打電話，是一個非可視組件，執行時不會在螢幕上顯示。**電話撥號器** 組件屬於 **社交應用** 類別。

屬性及方法

電話撥號器 組件的屬性、方法及事件：

屬性、方法和事件	說明
電話號碼 屬性	設定要撥打的電話號碼。
撥打電話 方法	撥打電話。
通話應答 事件	接聽電話時觸發。
撥話結束 事件	撥打電話結束或來電結束時觸發。
撥號開始 事件	開始撥打電話或來電鈴響時觸發。

8.2.2 簡訊組件

功能說明

簡訊 組件屬於 **社交應用** 類別，是非可視組件，主要用途是用來發送及接收簡訊，設計者可以決定接收簡訊的時機，甚至完全不接收簡訊。

屬性、方法及事件

屬性、方法及事件	說明
簡訊 屬性	設定要發送的簡訊內容。
電話號碼 屬性	設定要發送簡訊的電話號碼。
啟用訊息接收 屬性	設定是否可以接收簡訊。
發送訊息 方法	發送簡訊。

屬性、方法及事件	說明
收到訊息(數值,訊息內容)事件	手機收到簡訊時觸發本事件,參數 **數值** 為發送者的電話號碼,**訊息內容** 為簡訊內容。

8.2.3 整合範例:電話及簡訊

在這個範例中可以練習電話、簡訊與聯絡人的相關組件。

▶ 範例:撥打電話及收發簡訊

電話號碼可手動輸入,也可先按右方 ▦ 鈕,再於表列中選取聯絡人來輸入,如果沒有電話號碼就按 **撥打電話** 鈕或 **發送簡訊** 鈕將不會執行任何動作;有電話號碼但沒有簡訊內容按 **發送簡訊** 鈕也不會執行任何動作。操作失敗,簡訊傳送成功都會有訊息。<ex_PhoneTexting.aia>

» 介面配置

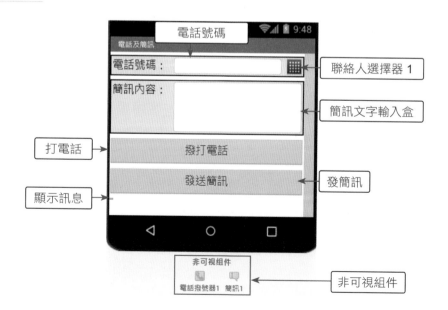

» 程式拼塊

1. 使用者按 **撥打電話** 鈕的處理程式拼塊。

當 打電話 .被點選
執行 ⚙ 如果　文字比較　電話號碼 . 文字　= " "
　　　　則　設 顯示訊息 . 文字 為 " 必須輸入電話號碼！"
　　　　否則　設 顯示訊息 . 文字 為 " "
　　　　設 電話撥號器1 . 電話號碼 為 電話號碼 . 文字
　　　　呼叫 電話撥號器1 .撥打電話

1 如果未輸入電話號碼就按 **撥打電話** 鈕，顯示必須輸入電話號碼的訊息。

2 如果輸入電話號碼後按 **撥打電話** 鈕就先清除訊息顯示標籤。

3 取得使用者輸入的電話號碼後以 **撥打電話** 方法撥打電話。

2. 使用者按 **發送簡訊** 鈕的處理程式拼塊。

當 發簡訊 .被點選
執行 ⚙ 如果 ⚙ 或　文字比較　電話號碼 . 文字　= " "
　　　　　　　　　　文字比較　簡訊文字輸入盒 . 文字　= " "
　　　　則　設 顯示訊息 . 文字 為 " 必須輸入電話號碼及簡訊內容！"
　　　　否則　設 簡訊1 . 電話號碼 為 電話號碼 . 文字
　　　　　　設 簡訊1 . 簡訊 為 簡訊文字輸入盒 . 文字
　　　　　　呼叫 簡訊1 .發送訊息
　　　　設 顯示訊息 . 文字 為 " 簡訊已經傳送！"

1 如果未輸入電話號碼或簡訊內容就按 **發送簡訊** 鈕，顯示電話號碼及簡訊內容都必須輸入的訊息。

2 取得使用者輸入的電話號碼及簡訊內容後傳送簡訊。

3 顯示傳送成功訊息。

3. 使用者按 ▦ 鈕就以列表顯示手機的聯絡人，使用者點選後就將該聯絡人的電話號碼顯示於 **電話號碼** 欄位。

當 聯絡人選擇器1 .選擇完成
執行 設 電話號碼 . 文字 為 聯絡人選擇器1 . 電話號碼

學習小叮嚀

電話、簡訊、聯絡人組件的測試必須使用實機執行

電話、簡訊、聯絡人 組件要用到電話功能，在測試時不能使用模擬器，必須使用實機。

8.3 網路瀏覽器組件

網路瀏覽器 組件是 **使用者介面** 類別的組件，**網路瀏覽器** 組件可以顯示指定的網頁內容，等於在畫面中嵌入一個小瀏覽器，除了能夠顯示網頁，也可顯示文字、圖片、Gif 動畫，甚至是 Google Maps。

常用屬性

屬性	說明
當前頁標題	網頁標題，只能以程式拼塊設定。
當前網址	目前超連結的網址，只能以程式拼塊設定。
允許連線跳轉	設定是否可使用前進、後退的瀏覽器導航歷史記錄。
首頁地址	首頁的網址。
忽略 SSL 錯誤	設定是否不處理 SSL 安全性錯誤。
開啟權限提示	設定是否開啟權限提示
允許使用位置訊息	設定是否可使用目前的位置資料。
可見性	設定是否在螢幕中顯示組件。

常用方法

方法	說明
清除快取	移除所有快取資料。
清除 Cookies	移除 Cookies 資料。
清除位置訊息	移除所有位置訊息資料。
回到上一頁	在歷史記錄中返回到前一頁。如果沒有前一頁將不予處理。
進入下一頁	在歷史記錄中前進到下一頁。如果沒有下一頁將不予處理。
回首頁	載入首頁。
開啟網址	載入指定的網址。

▌範例：瀏覽網站

在畫面中預設會顯示「文淵閣工作室」網站，也可以輸入指定的網址，按下 **瀏覽** 鈕，載入指定的網站。<ex_Web.aia>

» 介面配置

網路瀏覽器 1 組件 **首頁地址** 屬性設定為「http://www.e-happy.com.tw」。

» 程式拼塊

按下 **瀏覽** 鈕，瀏覽指定輸入的網站。

資訊補給站

使用開啟網址方法瀏覽網站

也可以使用 **網路瀏覽器** 組件的 **開啟網址** 方法，設定瀏覽的網站。不過使用 **首頁地址** 屬性會將該網頁設定為首頁，所以直接使用 **回首頁** 方法即可回到首頁。

8.4 設定超連結

Activity 啟動器 組件可以用來呼叫其他應用程式，屬於非可視組件。

8.4.1 Activity 啟動器組件簡介

Activity 啟動器 組件是屬於 **通訊** 類別組件，它也是背景執行組件，可以呼叫其他應用程式及服務。

主要屬性和方法

屬性或方法	說明
動作 屬性	要執行的動作名稱。
資料 URI 屬性	傳送給要執行應用程式的網址資料。
啟動 Activity 方法	開始執行應用程式。

深入解析

Activity 啟動器 組件的 **動作** 屬性有一些固定設定，可以用來呼叫指定的應用程式或服務，最常用的就是「android.intent.action.VIEW」，可以用來開啟指定的網頁，這個開啟動作並不是在原來的程式中載入，而是另外開啟行動裝置的預設瀏覽器，展開指定的頁面，也就是超連結設定。操作時只要按手機的返回鍵即可返回原來的應用程式。

設定超連結的方式

使用 **Activity 啟動器** 組件設定超連結的步驟如下：

1. 在畫面編排區點選 **通訊 / Activity 啟動器** 加入 **Activity 啟動器** 組件，預設會產生 **Activity 啟動器 1** 組件。

2. 在程式拼塊中設定 **動作** 屬性：「android.intent.action.VIEW 」，**資料 URI** 設定網址的字串，或取得其他輸入組件的值。

3. 最後，再以 **啟動 Activity** 方法啟動執行即可完成。

例如:在 **文字輸入盒 1** 輸入「http://www.e-happy.cow.tw/」,按下 **按鈕 1** 即可瀏覽指定的網站。

▶ 範例:以 **Activity** 啟動器 開啟網頁

輸入指定的網址按下 **瀏覽** 鈕,即會開啟瀏覽器顯示。<ex_ActivityStarter.aia>

» 版面配置

» 程式拼塊

按下 **瀏覽** 鈕後以瀏覽器顯示。

8.4.2 各種不同的超連結

以「Action=android.intent.action.VIEW」設定使用瀏覽器，只要以 **資料 URI** 屬性設定不同的網址，就可設定各種不同的超連結。

e-mail 電子郵件超連結

例如：以 mailto 啟動 e-mail 撰寫郵件，收件者為「app@e-happy.com.tw」。

```
Action：android.intent.action.VIEW
資料 URI：mailto:app@e-happy.com.tw
```

顯示 Google 地圖超連結

以 geo 則可以設定緯、經度，導覽至指定的定位點。例如：定位至指定經緯度，其中 z 為 zoom 大小，範圍由 1~23。

```
Action：android.intent.action.VIEW
資料 URI：geo:25.033611,121.565000?z=17
```

以「 geo:0,0?q= 景點名稱」可顯示景點的地圖。例如：定位至「日月潭」

```
Action：android.intent.action.VIEW
資料 URI：geo:0,0?q= 日月潭
```

也可以直接以地址搜尋。例如：以地址「台北市信義區信義路五段 7 號 89 樓」。

```
Action：android.intent.action.VIEW
資料 URI：geo:0,0?q= 台北市信義區信義路五段 7 號 89 樓
```

播放 YouTube 超連結

設定 YouTube 影片連結就可以播放 YouTube 影片。例如：

```
Action=android.intent.action.VIEW
資料 URI：http://www.youtube.com/watch?v=RP5VqPt_c38
```

▶ **範例：以 Activity 啟動器 製作各種超連結**

按下 **e-mail**、**台北 101**、**台北市立動物園**、**以地址顯示台北 101** 和 **播放 YouTube** 鈕，分別開啟各種不同的超連結。本例可在實機正常執行，在模擬器效能較不佳，且第 1 項不能正常執行，建議以實機執行。<ex_Activity.aia>

» 版面配置

» 程式拼塊

1. 按下 **1. e-mail** 鈕，開啟 e-mail。

2. 按下 **2. 台北 101** 鈕，定位至「台北 101」，並以 zoom=15 顯示地圖。

3. 按下 **3. 台北市立動物園**，以景點導覽。

4. 按下 **4. 以地址顯示台北 101** 鈕，以地址導覽。

5. 按下 **5. 播放 YouTube**，播放「圓仔」YouTube 影片。

8.5 綜合練習：我愛動物園 App

使用者點選 **官方網站** 按鈕可在下方載入網站首頁內容，點選 **地圖位置** 按鈕在下方顯示 Google Maps 頁面，點選 **聯絡電話** 按鈕會以指定電話號碼開啟通話視窗，點選 **電子郵件** 按鈕會以指定電子郵件開啟郵件視窗。<ex_ZooTw.aia>

» 介面配置

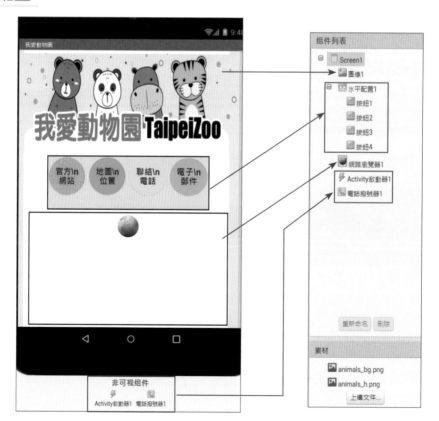

請在 **素材** 區上傳範例資料夾 <media> 裡的 <animals_h.png>、<animals_bg.png>。接著請在 **工作面板** 區加入相關的組件，重點如下：

1. **Screen1**：水平對齊 設「居中」，**垂直對齊** 設「居上」，**背景圖片** 設「animals_bg.png」，**螢幕方向** 設「鎖定直式畫面」，**視窗大小** 設「自動調整」。

2. **圖像 1**：為版頭圖片，**圖片** 設「animals_h.png」，**寬度** 為「填滿」，核取 **放大 / 縮小圖片來適應尺寸**。

3. **按鈕 1**：按鈕，**字體大小** 為「20」，**寬度** 為「80 像素」，**高度** 為「80 像素」，**背景顏色** 為「橙色」，**文字** 為「官方 \n 網站」。

4. **按鈕 2**：按鈕，**字體大小** 為「20」，**寬度** 為「80 像素」，**高度** 為「80 像素」，**背景顏色** 為「粉色」，**文字** 為「地圖 \n 位置」。

5. **按鈕 3**：按鈕，**字體大小** 為「20」，**寬度** 為「80 像素」，**高度** 為「80 像素」，**背景顏色** 為「黃色」，**文字** 為「聯絡 \n 電話」。

6. **按鈕 4**：按鈕，**字體大小** 為「20」，**寬度** 為「80 像素」，**高度** 為「80 像素」，**背景顏色** 為「綠色」，**文字** 為「電子 \n 郵件」。

7. **網路瀏覽器 1**：**寬度** 為「90 比例」，核選 **忽略 SSL 錯誤、允許使用位置資訊**，設定 **首頁地址** 為「https://www.zoo.gov.taipei/」。

» 程式拼塊

1. **按鈕 1** 按下後在 **網路瀏覽器 1** 開啟 URL 網址，請設定為台北市立動物園的網址：「https://www.zoo.gov.taipei/」。

2. **按鈕 2** 按下後在 **網路瀏覽器 1** 開啟 URL 網址。這裡請先在 Google Maps 的網站查詢位置並填入：「https://goo.gl/maps/FSfS8WLUSzzu9En49」。

當 按鈕2 .被點選
執行　呼叫 網路瀏覽器1 .開啟網址
　　　　　　　　　　　　URL網址　" https://goo.gl/maps/FSfS8WLUSzzu9En49 "

3. **按鈕 3** 按下後先設定 **電話撥號器 1** 的 **電話號碼** 為台北市立動物園的聯絡電話：「02-29382300」，接著呼叫 **電話撥號器 1** 進行 **撥打電話** 的動作。

當 按鈕3 .被點選
執行　設 電話撥號器1 . 電話號碼 為 " 02-29382300 "
　　　呼叫 電話撥號器1 .撥打電話

4. **按鈕 4** 按下後先設定 **Activity 啟動器 1** 的 **Action** 為「android.intent.action.VIEW」，設定 **Activity 啟動器 1** 的 **資料 URI** 為「mailto:service@zoo.gov.taipei」，接著呼叫 **Activity 啟動器 1** 進行 **啟動 Activity** 的動作。

當 按鈕4 .被點選
執行　設 Activity啟動器1 . Action 為 " android.intent.action.VIEW "
　　　設 Activity啟動器1 . 資料URI 為 " mailto:service@zoo.gov.taipei "
　　　呼叫 Activity啟動器1 .啟動Activity

延 伸 練 習

實作題

1. 請使用 **清單選擇器** 組件，將「文淵閣工作室、Google 首頁、中時新聞網」
   三個網站建立在 **網站名稱列表** 中，按下該網站以 **網址列表** 分別取得「http://
   www.e-happy.com.tw/、https://www.google.com.tw/、https://www.
   chinatimes.com/」等網址，並以 **網路瀏覽器** 組件瀏覽該網站。

   <Ch08_ex1.aia>

2. 承上題，請改以 **Activity 啟動器** 組件加入超連結瀏覽網站。<Ch08_ex2.aia>

MEMO

09

清單

- 應用程式通常是以變數來儲存資料，如果有大量同類型的資料需要儲存時，必須宣告大量的變數，同時就會影響執行效率。

- 在 App Inventor 的程式設計中，清單的使用可以取代大量變數，增進程式執行時的效能。

9.1 清單的使用

在 App Inventor 的程式設計中，清單的使用十分重要，它可取代大量變數，用來儲存相關的資料。

9.1.1 認識清單

應用程式通常是以變數來儲存資料，如果有大量相關的資料需要儲存時，必須宣告大量的變數，如此就要耗費龐大的拼塊，同時影響執行效率。例如一個班級有 30 位同學，每位同學有 8 科成績，程式至少要宣告 240 個變數來儲存，想想看拖曳 240 次拼塊要花費多少時間？在程式中又要如何精確的取用及設定某一特定的變數呢？

清單是一群相關變數的集合，宣告時需要指定一個名稱，做為識別的標誌；清單中的每一個資料稱為「清單項目」，每一個清單項目相當於一個變數，因為清單項目是依序存放，利用在清單中的位置編號就可輕易存取特定清單項目。

我們可以把清單想成是有許多具有相同名稱的盒子連續排列在一起，每個盒子有連續且不同的編號。使用者可將資料儲存在這些盒子中，如果要存取盒子中的資料時，只需知道盒子的編號即可存取盒子內的資料。

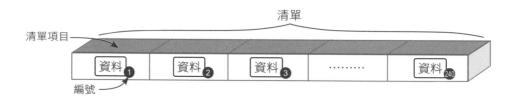

9.1.2 建立清單

在使用清單之前需先宣告，宣告時要指定清單的名稱，以後要使用此名稱來存取這個清單，並且要設定初始值。

宣告清單的方法是先宣告一個變數，再由拼塊區的 **內置塊** 項目拖曳 **清單 / 建立空清單** 建立一個不含初始值的清單，例如：

初始化全域變數 name 為 建立空清單

使用 **內置塊** 項目的 **清單 / 建立清單** 則可以建立一個含有初始值的清單。預設的清單項目只有兩個，可以按擴充項目圖示，拖曳 **清單項目** 拼塊到 **清單** 拼塊中，加入更多的清單項目，或自 **清單** 拼塊中移除清單項目。

例如為清單加入三個清單項目，其值分別為 Lily、Cathy 及 Joe。清單的清單項目索引值會依序產生，第一個清單項目的索引值為 1，第二個索引值為 2，依此類推。將來要存取清單中的清單項目值時，就利用這些索引值做為指標。

9.1.3 取得清單的清單項目值

請使用 **內置塊** 項目裡的 **清單 / 選擇清單項目** 拼塊即可：**選擇清單** 拼塊填入處加入要取得資料的清單名稱，**中索引值為** 拼塊填入處加入清單項的索引值。

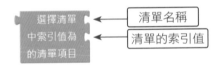

例如下圖是取得 name 清單第二個清單項目的值並置於 strName 變數中，執行後 strName 變數的值為「Cathy」。

學習小叮嚀

清單索引值的使用

請特別注意：清單的 **清單項索引值是由 1 開始**，這與許多程式語言的陣列索引值是由 0 開始編號不同。另外使用 **選擇清單項目** 拼塊取得值時，指定的索引值必須存在，如果使用 0 或超過清單範圍的索引值，在程式執行時會產生錯誤並終止程式執行。

▼ 範例：成績查詢

建立存有 4 位學生成績的清單，輸入學生座號就會顯示該學生的成績，如果座號不存在則顯示提示訊息。<ex_ScoreSearch.aia>

 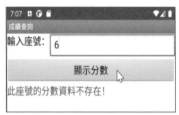

» 介面配置

» 程式拼塊

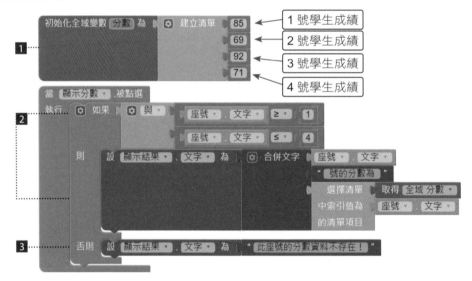

1 宣告 **分數** 清單儲存學生分數，並加入初始值。第一個清單項目是 1 號學生成績，第二個清單項目是 2 號學生成績，依此類推，共有 4 個學生成績。

2 按 **顯示分數** 鈕後檢查輸入值是否在 1 與 4 之間（因為只有 4 個學生），如果座號存在就依據座號取出學生成績顯示。

3 如果座號不存在就顯示提示訊息。

9.2 清單管理

清單宣告並給予初始值後,可依需要改變清單的內容,如新增、修改、刪除清單項目。所有管理清單的指令都位於拼塊編輯頁面中 **內置塊** 項目的 **清單** 指令中。以下所有範例中的 score 清單中都含有 3 個清單項目,清單項目值依序為 60、70、80。

9.2.1 判斷是否為空的清單

為了避免處理清單產生錯誤,可以使用 **清單是否為空** 拼塊判斷清單是否為空的清單,傳回 **真** 表示空的清單,**假** 表示清單已含資料。請注意:不可使用判斷字串的 **是否為空** 拼塊來判斷清單,否則會產生誤判。例如判斷 score 是否為空的清單,傳回值為 **假**。

9.2.2 取得清單項數目

取得清單項數目

若要得知清單中有多少個清單項目,可使用 **求清單的長度** 拼塊。例如取得 score 清單的清單項數目,傳回值為 3。

搭配對每個數字範圍迴圈的應用

取得清單項數目是清單管理最常使用的功能,例如若用 **對每個數字範圍迴圈** 逐一處理清單項目時,當清單項目改變時,常需修改 **到**(清單項目個數)。若將 **對每個數字範圍迴圈** 的 **到** 用取得清單項數目拼塊取代,則即使清單中的清單項目個數改變時,也不必修改程式拼塊。

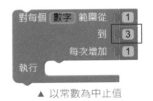

▲ 以常數為中止值

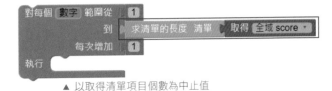

▲ 以取得清單項目個數為中止值

為清單新增、刪除、修改清單項目時，為了避免指定的清單項目位置不存在而產生錯誤，可用清單項數目來檢查清單項目是否在清單的有效位置範圍內。

9.2.3 新增清單項目

將清單項目新增到清單最後

為清單增加清單項目有兩種情況：第一種是將清單項目加在清單的最後面，拼塊為 **增加清單項目**，例如在 score 清單 (初始值為 60、70、80) 最後加入一個清單項目：90 ，新增完成後 score 的值為 60、70、80、90：

也可以同時在清單最後添加多個清單項目，例如：

將清單項目新增到清單中指定位置

第二種是在清單的指定位置插入清單項目，拼塊為 **插入項目**。例如在 score 清單 (初始值為 60、70、80) 插入 90 做為第 2 個清單項目，插入完成後清單值為 60、90、70、80：

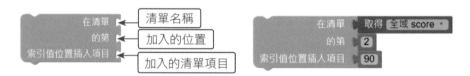

使用在指定位置加入清單項目功能時，一次只能加入一個清單項目；並且要注意若指定加入的位置不存在，執行時會產生錯誤。

9.2.4 刪除清單項目

當清單項目不再使用時可以移除，使用的拼塊為 **刪除清單項目**。例如移除 score 清單 (初始值為 60、70、80) 中的第 2 個清單項目，移除後清單值為 60、80：

如果指定刪除位置的清單項目不存在，執行時會產生錯誤。

9.2.5 修改清單項目值

App Inventor 使用新值覆蓋掉舊值的方式修改清單項目值，其拼塊為 **清單項目取代**。例如修改 score 清單的第 2 個清單項目值為 85，修改後清單值為 60、85、80：

9.2.6 搜尋清單項目

如果要尋找某個清單項目值在清單中的位置，可用 **求對象在清單中的索引值** 拼塊。例如尋找清單項目值為 80 在 score 清單的位置，下圖拼塊的傳回值為 3。如果尋找的清單項目值不存在，將傳回 0。

9.2.7 對於任意清單迴圈

功能說明

對於任意清單迴圈 是專為清單設計的迴圈，其執行次數是由清單的清單項目個數決定，**對於任意清單迴圈** 會依序對清單中每一個清單項目執行一次程式區塊。

對於任意清單迴圈 位於拼塊區 **內置塊** 項目裡的 **控制** 指令：

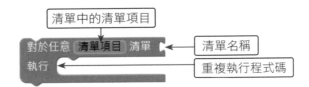

在執行程式拼塊時，每次會依序取出指定清單中一個清單項目儲存到 **清單項目** 參數後再執行區塊中的程式碼，直到所有清單項目都執行程式區塊才結束迴圈。例如 score 清單有 4 個清單項目，清單項目的值分別為 90、73、76、89，下圖拼塊的顯示結果為「90,73,76,89,」。

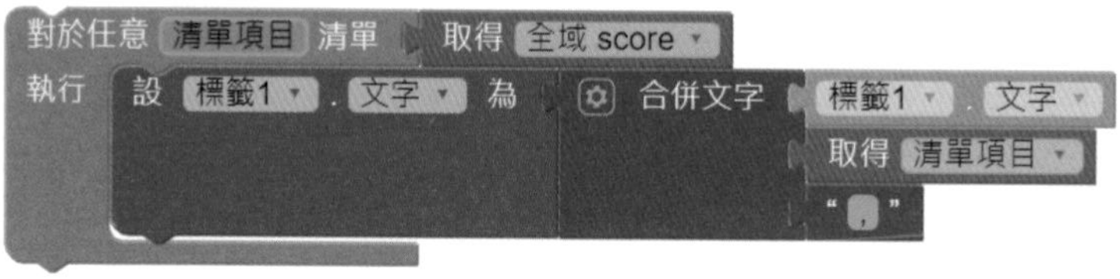
對於任意 清單項目 清單 取得 全域 score
執行 設 標籤1 . 文字 為 合併文字 標籤1 . 文字
取得 清單項目
" , "

將清單做為程序的參數

清單可以當作程序的參數，讓功能更加靈活。例如以下自訂程序 showScore 能在接收的清單後，將其中每個清單項目所記錄的分數顯示在 **標籤 1** 上。如此一來只要給予不同的成績清單作為參數，即可輸出不同的結果。

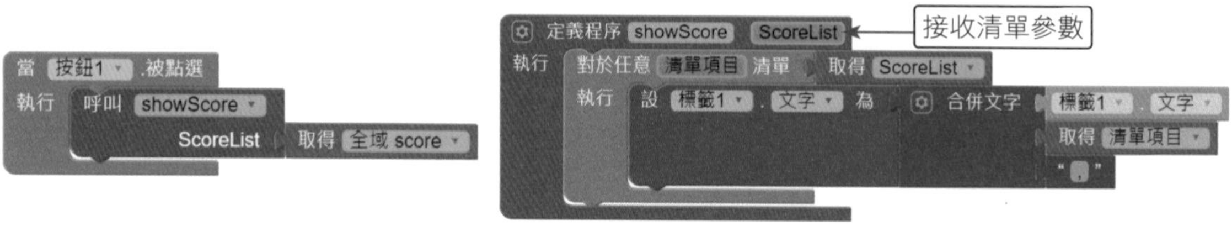
當 按鈕1 .被點選
執行 呼叫 showScore
ScoreList 取得 全域 score
定義程序 showScore ScoreList
接收清單參數
執行 對於任意 清單項目 清單 取得 ScoreList
執行 設 標籤1 . 文字 為 合併文字 標籤1 . 文字
取得 清單項目
" , "

◤範例：計算總分及平均

程式執行後會以自訂程序 **顯示分數** 顯示班級每位同學的分數，按 **計算成績** 鈕後，程式會計算班級總分及平均並且顯示。<ex_ScoreCalcu.aia>

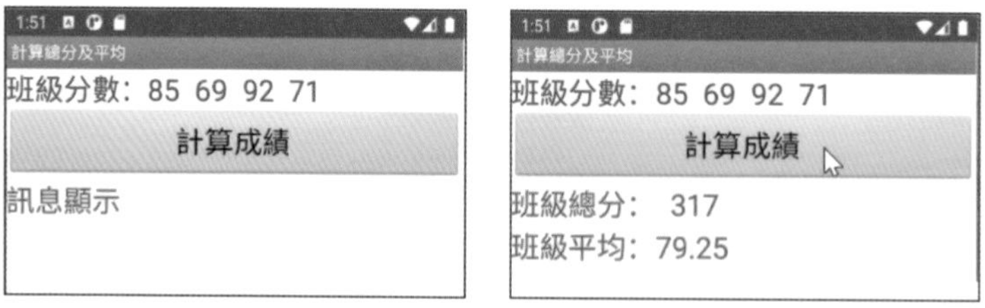
計算總分及平均
班級分數：85 69 92 71
計算成績
訊息顯示
計算總分及平均
班級分數：85 69 92 71
計算成績
班級總分： 317
班級平均：79.25

» 介面配置

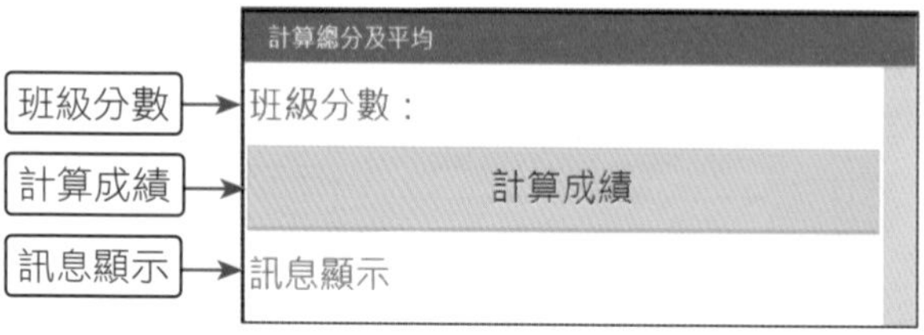
計算總分及平均
班級分數
班級分數：
計算成績
計算成績
訊息顯示
訊息顯示

» 程式拼塊

1. 變數宣告：建立清單 **分數清單** 儲存班級分數，為簡化程式拼塊，只建立 4 位同學分數。**總和** 變數儲存班級總分，**平均** 變數儲存班級平均分數。

初始化全域變數 分數清單 為 建立清單 85 / 69 / 92 / 71

初始化全域變數 總和 為 0

初始化全域變數 平均 為 0

2. 建立自訂程序 **顯示分數** 顯示清單內容。

定義程序 顯示分數 分數 ▪1

執行 ▪2 對於任意 清單項目 清單 取得 分數

執行 設 班級分數 . 文字 為 合併文字 班級分數 . 文字

取得 清單項目

" ⬚ " ← 兩個空白字元

▪1 參數 **分數** 是一個區域變數，它是一個清單。

▪2 以 **對於任意清單項目清單** 迴圈逐筆顯示，接收清單中的清單項目值顯示所有的分數。

3. 主程式呼叫 **顯示分數** 程序，並傳遞清單參數 **分數清單**。

當 Screen1 .初始化

執行 呼叫 顯示分數 分數 取得 全域 分數清單

4. 按 **計算成績** 鈕後計算總分及平均。

當 計算成績 .被點選

▪1 執行 設置 全域 總和 為 0

▪2 對於任意 清單項目 清單 取得 全域 分數清單

執行 設置 全域 總和 為 取得 全域 總和 + 取得 清單項目

▪3 設置 全域 平均 為 取得 全域 總和 / 4

▪4 設 訊息顯示 . 文字 為 合併文字 " 班級總分： "

取得 全域 總和

" \n班級平均： "

取得 全域 平均

▪1 總分開始時要歸零。

▪2 以 **對於任意清單項目清單** 迴圈累加學生分數得到總分。

▪3 計算平均。

▪4 顯示總分及平均。

9.2.8 整合範例：清單資料維護

本範例將利用文字輸入盒、按鈕進行清單資料的新增、修改與刪除動作。

▶ 範例：清單資料維護

程式開始時會將清單中資料顯示於下方，輸入資料內容及資料位置後，按 **新增資料** 鈕會在指定位置中插入一筆資料；按 **修改資料** 鈕時會以輸入的資料內容替換為指定位置的資料內容；按 **刪除資料** 鈕會移除該位置資料。如果輸入的資料位置超出範圍，會顯示提示訊息。<ex_ListManage.aia>

» 介面配置

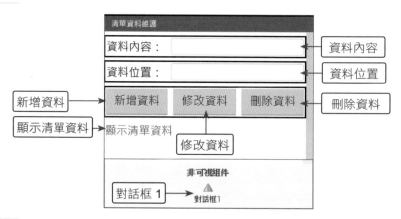

» 程式拼塊

1. 建立 **資料清單** 清單及資料內容。

2. 建立自訂程序 **顯示資料** 顯示清單內容，此程序將重複使用多次。

3. 程式開始時呼叫 **顯示資料** 程序，並傳遞 **資料清單**。

4. 使用者按 **新增資料** 鈕執行的程式拼塊。

1. 如果輸入的資料位置在有效範圍中就執行拼塊 2 到 4。因為新增資料可能加在原有資料的後面，如此其位置是現有資料數目再加 1，所以第二個條件是小於或等於資料數加 1。

2. 如果加入資料的位置是資料數加 1，表示資料要加在原有資料的後面，故使用 **增加清單項目** 拼塊將資料加在清單的最後面。

3. 如果加入資料的位置不是資料數加 1，就使用 **插入清單項目** 拼塊將資料加在指定位置。

4. 呼叫自訂程序 **顯示資料** 顯示 **資料清單**。

5. 如果輸入的資料位置超過有效範圍就顯示提示訊息。

5. 使用者按 **修改資料** 鈕執行的程式拼塊。

1
2

1 如果輸入的資料位置在有效範圍中就使用 **清單項目取代** 拼塊置換指定位置的清單資料。修改資料的有效資料位置是在 1 與現有資料數目之間。資料修改後以 **顯示資料** 自訂程序更新顯示資料。

2 如果輸入的資料位置超過有效範圍就顯示提示訊息。

6. 使用者按 **刪除資料** 鈕執行的程式拼塊。

1
2

1 如果輸入的資料位置在有效範圍中就使用 **刪除清單項目** 拼塊移除指定位置的清單資料。刪除資料的有效資料位置是在 1 與現有資料數目之間。資料刪除後以 **顯示資料** 自訂程序更新顯示資料。

2 如果輸入的資料位置超過有效範圍就顯示提示訊息。

9.3 清單選擇器組件

清單選擇器 組件在實際使用必須與清單結合，在頁面上以按鈕的方式顯示，按下後會以整頁的表列呈現所有清單項目，使用者可以選取清單中的項目資料。

9.3.1 清單選擇器組件介紹

功能說明

清單選擇器 組件在頁面上以按鈕顯示，按下後會使用清單以整頁的方式顯示清單項目，讓使用者在清單中點選，再將選取的清單項目值傳回程式中使用。

 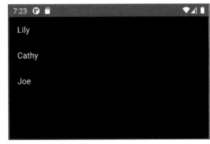

屬性設定

清單選擇器 組件顯示的資料項目，可以使用清單的清單項目做為資料來源，也可以自行以字串設定，彈性很大。

清單選擇器 組件屬於 **使用者介面** 類別組件，常用屬性有：

屬性	說明
元素	設定清單為顯示資料項目，只有程式拼塊才能設定本屬性。
元素字串	設定字串為顯示資料項目，資料項目之間以逗號分隔。
啟用	設定組件是否可用。
粗體	設定文字是否顯示粗體。
斜體	設定文字是否顯示斜體。
字體大小	設定文字大小，預設值為「14」。
字形	設定文字字形。
圖像	設定組件顯示的圖形。
選中項	設定選取的項目值。

屬性	說明
選中項索引	設定選取的項目值編號，只有程式拼塊才能設定本屬性。
形狀	設定組件顯示的外觀形狀。
文字	設定顯示的文字。
文字對齊	設定文字對齊方式 (居左、居中、居右)。
文字顏色	設定文字顏色。
可見性	設定是否在螢幕中顯示組件。
項目背景顏色	設定清單選擇器項目的背景顏色。
項目文字顏色	設定清單選擇器項目文字的顏色。

深入解析

1. **元素字串** 屬性：這個屬性可以使用字串來設定 **清單選擇器** 組件的資料來源，項目之間以逗號分開，例如設定 **元素字串** 屬性為「92,88,61,75」，會建立四個顯示的資料項目。

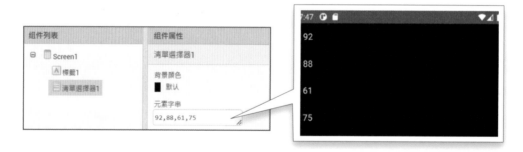

除此之外，當然也可以在拼塊編輯頁面使用程式拼塊來設定 **清單選擇器** 組件的 **元素字串** 屬性值做為清單選項，例如設定 **元素字串** 屬性為「92,88,61,75」的程式拼塊，執行時點選 **清單選擇器** 組件就會顯示清單的所有清單項目。

2. **元素** 屬性：如果要以清單做為 **清單選擇器** 組件顯示的資料項目來源，必須在程式設計頁面以程式拼塊設定。因此在程式設計頁面中多了一個畫面編排頁面沒有的屬性：**元素**，它是用來指定 **清單選擇器** 組件的清單來源。例如設定 **清單選擇器** 組件的來源是 score 清單：

3. **形狀** 屬性：它可設定 **清單選擇器** 組件的外觀形狀，屬性值有 **預設**、**圓角**、**方形** 及 **橢圓** 四種，對應的形狀如下：

顯示清單元素	顯示清單元素	顯示清單元素	顯示清單元素
▲ 預設	▲ 圓角	▲ 方形	▲ 橢圓

9.3.2 清單選擇器組件的事件及方法

事件或方法	說明
準備選擇 事件	使用者點選 **清單選擇器** 組件後，尚未顯示 **清單選擇器** 組件的清單項目值前觸發本事件。
選擇完成 事件	使用者點選 **清單選擇器** 組件的清單項目後觸發本事件。
開啟選取器 方法	顯示 **清單選擇器** 組件的清單項目。

1. **準備選擇** 事件：當使用者點選 **清單選擇器** 組件時，在尚未顯示清單項目值前就觸發 **準備選擇** 事件。所以在實務上，常將設定 **清單選擇器** 組件的資料項目來源置於 **準備選擇** 事件中。

當 清單選擇器1 ▾ .準備選擇
執行

2. **選擇完成** 事件：**選擇完成** 事件幾乎是每一個 **清單選擇器** 組件都會使用的事件，因為使用者點選 **清單選擇器** 組件的清單項目後會觸發本事件，並且傳回使用者點選的清單項目值，設計者可根據傳回值在本事件中做後續處理。

使用者點選的清單項目值儲存於 **選中項** 屬性中。有時程式設計使用點選的清單項目編號較為方便 (就是使用者點了第幾個清單項目)，因此拼塊編輯器頁面中多了一個 **選中項索引** 屬性，用來儲存使用者點選的清單項目編號。

當 清單選擇器1 ▾ .選擇完成
執行

3. **開啟選取器** 方法：顯示 **清單選擇器** 組件的清單項目有兩種方式：第一種方式是使用者直接點選 **清單選擇器** 組件；第二種方式是在程式拼塊中設定觸發事件後以 **開啟選取器** 方法開啟 **清單選擇器** 組件。

呼叫 清單選擇器1 ▾ .開啟選取器

9.3.3 整合範例：清單選擇器組件項目來源

清單選擇器 組件可使用字串或清單做為顯示的項目來源，開啟 **清單選擇器** 組件的方式可直接點按組件或在程式拼塊用 **開啟選取器** 方法開啟，這些使用方法都將融合在本綜合演練中。

▼範例：表列式項目來源

在本範例中，**性別** 鈕是以按下 **清單選擇器** 組件方式顯示清單項目，設定項目來源則是以 **元素字串** 屬性設定字串值達成；**教育程度** 按鈕是在程式拼塊中使用 **清單選擇器** 組件的 **開啟選取器** 方法運作，設定項目來源則是以 **元素** 屬性設定清單名稱達成。<ex_ListPicker.aia>

» 介面配置

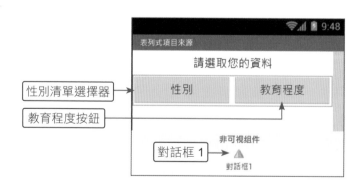

» 程式拼塊

1. 程式開始先設定資料來源。

> **1** 設定第一個按鈕以字串 **性別** 做為資料來源，值為以逗號區隔的文字。
>
> **2** 設定變數 **資料來源** 區分資料來源，預設值為 1，代表資料來源為 **性別** 字串，若為 2 代表資料來源為 **學歷清單** 清單。
>
> **3** 設定第二個按鈕以清單 **學歷清單** 做為資料來源。

2. 設定當 **性別清單選擇器** 被按下前的動作，主要是設定資料來源。

> **1** 判斷變數 **資料來源** 是否為 2。
>
> **2** 若是則以清單 **學歷清單** 做為資料來源，將它設定為屬性 **元素** 的值。執行完畢之後將 **資料來源** 還原為預設值 1。
>
> **3** 否則以字串 **性別** 做為資料來源，設定屬性 **元素字串** 的值。

3. 設定當 **性別清單選擇器** 和 **教育程度** 按鈕被按下後的動作。

> **1** 當使用者按下 **性別清單選擇器** 後即設定 **對話框 1** 來顯示 **性別清單選擇器** 的 **選中項** 值。
>
> **2** 當使用者按下 **教育程度按鈕** 鈕，在按鈕的 **被點選** 事件中先將 **資料來源** 設定為 2 指定資料來源，接著以 **開啟選取器** 方法開啟 **性別清單選擇器** 組件。

9.4 清單顯示器與下拉式選單組件

清單顯示器 組件、**下拉式選單** 組件和 **清單選擇器** 組件很類似。

9.4.1 清單顯示器組件

清單顯示器 組件的使用方式十分簡單，只要在頁面上加入 **清單顯示器** 組件後設定顯示的區域大小，接著再設定一個字串或是清單資料當作 **清單顯示器** 組件的資料來源，程式即可將清單的資料一筆筆條列在 **清單顯示器** 組件的區域上。

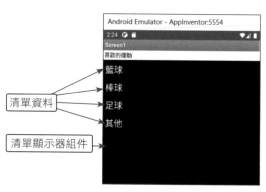

屬性設定

屬性	說明
元素	設定清單為顯示資料項目，只有程式拼塊才能設定本屬性。
元素字串	設定字串為顯示資料項目，資料項目之間以逗號分隔。
選中項	設定選取的項目。
選中項索引	設定選取項目的編號，只能在程式拼塊中設定此屬性。
顯示搜尋框	設定是否啟用篩選選項功能。
可見性	設定是否在螢幕中顯示組件。
背景顏色	設定清單顯示器中背景的顏色
文字顏色	設定清單顯示器中文字的顏色

方法事件

事件	說明
選擇完成 事件	點選 **清單顯示器** 組件的項目後觸發本事件。

9.4.2 下拉式選單組件

下拉式選單 組件選項在呈現時會將選項放置在視窗中。

屬性設定

屬性	說明
元素	設定清單為顯示資料項目，只有程式拼塊才能設定本屬性。
元素字串	設定字串為顯示資料項目，資料項目之間以逗號分隔。
提示	設定彈出式選項視窗的標題。
選中項	設定選取的項目。
選中項索引	設定選取項目的編號，只能在程式拼塊中設定此屬性。
可見性	設定是否在螢幕中顯示組件。

方法事件

項目	說明
選擇完成 事件	點選 **下拉式選單** 組件的項目後觸發本事件。
呼叫組件顯示清單 方法	利用其他組件來啟動 **下拉式選單** 組件的選項。

9.4.3 整合範例：下拉式功能表與清單顯示器連動

使用 **下拉式選單** 組件的選項載入不同的清單到 **清單顯示器** 組件中使用，這個技巧可以應用到更大型的範例中。

▶ 範例：依類別選擇運動項目

使用者可以按下運動類別 **下拉式選單** 組件後開啟選項視窗，完成選取後會在下方的運動項目 **清單顯示器** 中顯示所選項目的訊息。在 **清單顯示器** 選取項目後會在下方標籤顯示最喜歡的運動項目。<ex_ListViewSpinner.aia>

» 介面配置

» 程式拼塊

1. 程式開始先設定資料來源。

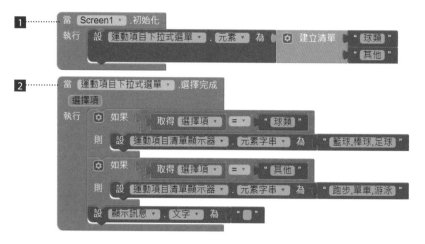

1 當 Screen1 組件初始化時將 **運動項目下拉式選單** 的 **元素** 屬性建立清單當作顯示項目值。

2 當 **運動項目下拉式選單** 組件選取完成，依不同的選擇項使用不同的 **元素字串** 來設定為 **運動項目清單顯示器** 組件的顯示項目，同時清除顯示訊息。

2. 選取 **運動項目清單顯示器** 項目後會在 **顯示訊息** 標籤顯示選取的運動項目。

9.5 綜合練習：線上點餐系統 App

線上點餐系統是相當流行而實用的專題，在這個作品中將應用 **下拉式選單**、**清單選擇器**、**清單顯示器** 組件來完成。

使用者在按選擇類別 **下拉式選單** 組件時會顯示二個類別，依不同的類別會顯示不同的餐點內容到選擇餐點 **清單選擇器** 組件中，當選取餐點後會顯示在下方的 **清單顯示器** 中。可連續選擇餐點，當按下方 **清除** 鈕會清除訂單內容。

\<ex_mealorder.aia\>

» 介面配置

» 程式拼塊

1. 程式開始先設定資料來源。設定變數：**類別**、**飲料項目**、**主餐項目**，這裡使用字串，在不同的元素間加上「,」號分隔。變數 **訂單** 預設為空清單。

2. 程式啟動時，先對類別 **下拉式選單** 及餐點 **清單選擇器** 組件設定資料來源。

▌1 設定類別 **下拉式選單** 組件的 **元素字串** 為 **類別** 變數。因為變數字串是以「,」號分隔，即可作為元素字串化為清單，變成選項來使用。

▌2 用相同的方式設定餐點 **清單選擇器** 組件的 **元素字串** 為 飲料項目 變數。

3. 當類別 **下拉式選單** 選擇完成後，要根據選擇的類別為餐點 **清單選擇器** 組件設定不同的資料來源。

▌1 設定選擇類別 **下拉式選單** 組件 **選擇完成** 事件發生後，取得 **選擇項** 進行判斷。

▌2 如果選擇的 **選擇項** 是「飲料」，就設定餐點 **清單選擇器** 組件的 **元素字串** 為 **飲料項目** 變數，否則就為 **主餐項目** 變數。

4. 當餐點 **清單選擇器** 組件選擇完成後，將選好的餐點加入訂單的清單中，再顯示在下方的 **清單顯示器** 中。

▌1 設定餐點 **清單選擇器** 組件 **選擇完成** 事件發生後，要將選擇的餐點加入訂單中。

▌2 將選擇餐點的 **選中項** 加入 **訂單** 清單中。

▌3 最後將 **訂單** 清單設定為 **清單顯示器** 的元素，即可顯示在顯示器中。

5. 當清除訂單 **按鈕** 組件 **被點選** 事件發生後，將原來的訂單清單清空，也將 **清單選示器** 組件清空。

延伸練習

實作題

1. 請在畫面中輸入分數後按 **輸入** 鈕，程式會將輸入的分數一一顯示在畫面的原始成績區塊中。最後按 **進行排序** 鈕即會依目前的所有分數由小到大進行排序，再顯示在畫面中成績排序的區塊中。<Ch09_ex1.aia>

2. 請在畫面中佈置 3 個 **圖像** 組件，並上傳 3 張水果的圖片。程式執行後會自動由清單中隨機為 3 個 **圖像** 組件設定水果圖片背景，每按一次 **開獎** 鈕，程式都會自動由清單中隨機為 3 個 **圖像** 組件設定水果圖片背景。

<Ch09_ex2.aia>

手機應用程式設計超簡單--App Inventor 2 零基礎入門班(中文介面第六版)

作　　者：文淵閣工作室
總 監 製：鄧君如
企劃編輯：王建賀
文字編輯：江雅鈴
設計裝幀：張寶莉
發 行 人：廖文良

發 行 所：碁峰資訊股份有限公司
地　　址：台北市南港區三重路 66 號 7 樓之 6
電　　話：(02)2788-2408
傳　　真：(02)8192-4433
網　　站：www.gotop.com.tw
書　　號：ACL069200
版　　次：2023 年 07 月六版
　　　　　2024 年 02 月六版二刷
建議售價：NT$420

國家圖書館出版品預行編目資料

手機應用程式設計超簡單：App Inventor 2 零基礎入門班(中文介面)/ 文淵閣工作室編著. -- 六版. -- 臺北市：碁峰資訊, 2023.07
　　面；　公分
　　ISBN 978-626-324-538-9(平裝)
　　1.CST：行動電話　2.CST：行動資訊　3.CST：軟體研發
448.845029　　　　　　　　　　　　　112008408